KB234807

부탁해요. 아인슈타인

부탁해요, 아인슈타인

장 클로드 카리에르 지음 · 이세진 옮김

모티브
BOOK

아인슈타인의 과학철학
부탁해요, 아인슈타인

초판 인쇄 2006년 4월 3일
초판 발행 2006년 4월 10일

지은이 장 클로드 카리에르
옮긴이 이세진
펴낸이 양미자
책임 편집 한선우
본문 그림 김평현

펴낸곳 도서출판 **모티브북**

등록번호 제313-2004-00084호
주소 서울시 마포구 동교동 156-2 마젤란21 B/D 1104호
전화 02) 3141-6921 / 팩스 02) 3141-5822
e-mail editor@motivebook.co.kr

ISBN 89-91195-10-5 03100

"인간이 할 수 있는 가장 아름답고 심오한 경험은
수수께끼에 대한 경험이다."
—알베르트 아인슈타인

보이지 않는 세계에서 나와 함께해준

모든 물리학자와 천체물리학자들에게 감사를 표한다.

차 례

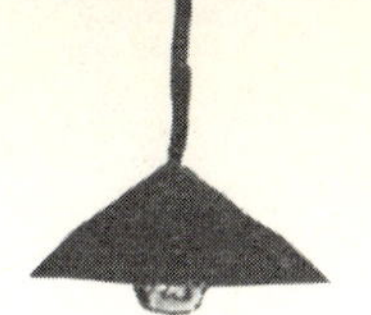

◆◆◆

휘어진 시공간 속에서

날씨가 아주 좋은 날, 그것도 계절이 바뀌는 시기의 어느 날이었다. 한 아가씨가 거리를 걸어가고 있었다. 그녀는 자동차들이 지나가는 길 앞에 잠시 멈추어 섰다가 신호등 따위는 아랑곳하지 않고 길을 건넜다. 그녀가 있는 곳은 오늘날의 중유럽 도시 중 어느 한 곳이었다. 프라하나 빈일 수도 있고, 뮌헨이나 취리히일 수도 있다. 도시가 어디인지 확실히 알려주는 표지는 눈에 띄지 않았다. 해가 뉘엿뉘엿 넘어가고 땅거미가 지기 시작할 무렵이었다.

아가씨는 청바지에 블루종을 입고 굽이 낮은 검정색 구두를 신었다. 나이는 스물둘에서 스물다섯 사이? 몸매는 날씬한 편이고,

시선이나 움직임에서 총명함이 감지되었다. 어깨에는 가방을 매고 있었다. 그녀는 대학생처럼 보였다. 하지만 신입생은 아니고 졸업반 정도 되었을 것 같다.

우리의 시선은 바로 지금 이 순간 그녀를 향하고 있다. 그녀가 어디에서 왔는지, 이름이 무엇인지, 부모는 무슨 일을 하는지, 그녀의 인생이 어찌 될지 우리로서는 영원히 알 수 없으리라. 그저 이 길에서, 우리의 시선이 그녀에게 머물렀기에 그녀를 따라갈 뿐이다.

그녀는 전차가 온다는 신호기 소리를 듣고 맞은편에 있는 보도로 냉큼 뛰어 올라갔다. 그녀는 전차가 오는 것을 보지 못했고 전차가 다가오는 소리도 듣지 못했다. 그녀가 건너가자마자 노란색과 검정색을 칠한 전차가 지나갔다. 차에는 '17'이라는 번호가 새겨져 있었다.

아가씨는 전차가 멀어져가는 것을 보다가 고개를 쳐들었다. 그녀는 자기가 1910년에서 1920년 정도에 지어진 어느 집 앞에 와 있음을 깨달았다. 건물 정면은 중후하면서도 다소 어두워 보였다. 그녀는 바지주머니에서 쪽지를 꺼내더니 주소를 확인했다. 제대로 찾아왔는지, 그녀는 집으로 들어갔다.

안에 들어서자 어디엔가 달려 있는 센서장치로 조명이 들어왔다. 하지만 그녀는 별로 놀라지 않는 것 같았다. 그녀는 특이할 것 없는 거실을 지나 니스 칠을 한 계단을 따라 올라갔다. 계단에는 폭이 좁은 베이지색 양탄자가 깔려 있었다. 그녀는 난간을 잡고 재빨리 2층으로 올라갔다. 잠시 그녀의 눈이 어둠 속에서 무엇인가를 찾았다. 그녀는 이내 어떤 문 앞으로 다가가 벨을 울렸다. 지금이 몇 시인지, 낮인지 저녁인지, 월요일인지 수요일인지조차 알 수 없었다. 하지만 그녀는 그런 일에 전혀 신경을 쓰지 않는 것 같았다.

아가씨가 층계참에서 잠시 기다리려고 하는데 이내 문이 열렸다. 제법 나이가 들어 보이는 한 부인이 문을 연 채 서 있었다. 그녀는 긴 치마를 입고 옛날식 코르사주를 달았다. 코르사주의 레이스는 손으로 짠 것처럼 보였다(물론 정말 수제품일 수도 있지만 말이다).

부인의 얼굴은 침착하면서도 단호한 면이 엿보였다. 콧날은 우뚝하고 피부는 하얀데, 살짝 화장을 한 것 같았다. 어쨌든 문을 열어준 사람답게 친절한 기색을 띠면서 아가씨에게 미리 약속을 하고 찾아왔는지를 물었다.

"그렇지는 않아요. 요즘 약간 짬이 나서 이렇게 오게 되었거든요, 그러니까 뭐, 우연이라고나 할까요. 약속을 잡아야만 한다면 나중에 다시 찾아뵙지요. 아니면 시간이 나실 때까지 기다려도 되고요."

"제대로 찾아왔다고 확신하세요?"

"그런 것 같은데요."

아가씨는 이렇게 말하고 주소가 적힌 쪽지를 보여주었다. 하얀 얼굴의 부인이 쪽지를 흘끗 보더니, 잠깐, 아주 잠깐 망설이는 기색을 보였다. 그러나 이내 문을 활짝 열어젖히고는 물러서면서 "들어

오세요."라고 말했다. 조금은 내키지 않은 눈치였다.

"고맙습니다."

아가씨는 방 안으로 들어섰다. 우리의 시선은 계속 그녀를 따라간다.

부인은 후미진 복도를 지나 아가씨를 창문 없는 대기실로 데리고 갔다. 대기실에 있는 10여 명의 손님들은 대부분 남자였고, 얌전하게 앉아서 차례를 기다리고 있었다. 대기실의 의자들은 평범했지만 모양이 제각각이었다.

손님들은 아가씨가 들어서자 잠시 쳐다보았다. 아가씨도 주변을 흥미롭게 둘러보았지만 별로 놀라거나 하지 않고 비어 있는 유일한 의자에 앉았다. 손님들 중 몇몇은 20세기 초반이나 1950년대까지 거슬러 올라가는 듯한 구식 옷이나 구두를 걸치고 있었다. 몇몇 사람은 셔츠 깃이 깨끗하지 못한 듯 했지만, 모두들 넥타이를 반듯하게 매고 저고리 단추를 꼭꼭 채운 차림새였다. 손님들 대부분은 무릎 위에 두꺼운 서류뭉치나 가죽가방을 올려놓고 팔을 걸치고 있었다. 그런 서류뭉치는 대개 단단히 띠를 두르고 있거나 모자로 덮어놓은 상태였다.

아가씨는 손님들 대부분이 가죽가방이나 서류에 집착하고 있음을 눈치 챘다. 종이 보물들을 반드시 지키겠다는 듯이 그들의 손톱에는 잔뜩 힘이 들어가 있었다. 한 손님은 난방장치에서, 오래된 건물을 가로지르는 파이프들 중 어딘가에서 나는 어렴풋한 소리를 들을 때마다 소스라치게 놀라곤 했다.

그들에게도 길에서 들려오는 소리, 이쪽에서 저쪽으로 지나가는 전차 소리, 신호음 소리 따위가 들렸을 것이다. 하지만 밖에서 들리는 소리에 놀라는 사람은 아무도 없었다. 그 소리는 일종의 마침표, 혹은 도시가 규칙적으로 움직이는 리듬 같았다. 한 남자는 검은 서류가방을 의자 발치에 기대놓고 있다가 아가씨가 대기실에 들어서자 뭔가가 두려워진 듯, 조심하지 않으면 날치기라도 당할 것처럼 다시 몸을 숙여 서류가방을 집어들었다. 이제 그는 아예 두 손으로 서류가방을 꼭 안고 있었다.

또 다른 손님은 대기실에서 하나뿐인 안락의자에 앉아 있었다. 아주 엄격해 보이는 인상의 그는 꽤 길고 곱슬곱슬한 회색 가발을 썼는데, 가발이라는 것을 숨기려는 생각은 전혀 없어 보였다. 그는 어두운 색깔의 옷을 입고 옛날식 긴 외투를 걸쳤다. 구두에는 은제 버클이 달려 있었다.

아가씨는 그의 범상치 않은 복장을 눈여겨보았다. 하지만 그녀는 이런 희한한 공간에서 희한한 사람들과 함께 있으면서도 놀라고 있는 것 같지는 않았다. 그녀는 이런 걸 기대했던 걸까? 우리는 뭐라고 말할 수 없다. 우리로서는 그녀의 속내를 알 길이 없으니까. 어쨌든 그녀에게는 두려운 기색이 조금도 없어 보였다.

그녀는 슬쩍 손목시계를 보더니 갑자기 시계를 눈 가까이 가져갔다. 그러고는 시계가 고장이라도 났는지 손목을 마구 흔들어보았다. 주변을 둘러보지만 벽에도, 벽난로 위에도 시계는 없었다. 그녀는 옆에 앉은 남자 손님에게 나지막한 목소리로 시간을 물어보았다. 하지만 옆자리의 남자는 "난 시계가 없습니다."라고 대답할 뿐이었다. 말투에서 묻어나는 억양으로 보아 중유럽 사람인 것 같았다.

"대충이라도 모르시겠어요?"

"모르겠는데요. 죄송합니다."

아가씨의 시선이 각진 얼굴에 머리가 하얀 부인의 시선과 마주쳤다. 부인은 아가씨가 묻지도 않았는데 "저도 모르겠군요."라고 말했다. 중유럽 억양을 쓰는 남자가 이렇게 덧붙였다.

"어쨌든 꽤 늦은 시각인 것 같군요."

각진 얼굴의 부인도 고개를 끄덕였다. 그녀도 시각이 꽤 늦었다고 생각하는 모양이었다. 이 모든 상황이 조금씩 아가씨를 짜증나게, 말하자면 조금 걱정스럽게 했다. 무척 쾌활한 기분으로 여기에 왔고, 이제까지 놀라움이나 감정 따위는 제쳐놓았던 그녀인데도 말이다.

그녀는 무슨 치료를 받거나 법적 자문을 구하러 온 것 같지는 않았다. 그녀는 영화나 연극에 출연하기 위해서 극장주나 캐스팅 담당자를 만나러 온 것일 수도 있다. 하지만 그렇다면 그녀 주위의 다른 손님들은 왜 서류가방을 신주단지 모시듯 붙잡고 있는 걸까? 어쨌든, 그녀가 어떤 배역을 따내려고 왔다면 이날은 경쟁자가 없어 보였다. 그녀 외에는 의자에 앉아서 기다리는 젊은 여성은 단 한

명도 없었으니까.

그녀는 긴 치마를 입은 부인—그녀의 이름은 헬렌이다. 이 사실은 조금 있다가 알게 될 것이다—이 다시 와서 그녀에게 다른 방으로 자기를 따라오라고 하자 조금 놀라는 것 같았다.

"자, 따라오세요."

"저요?"

"예, 아가씨 말이에요. 이리 오세요."

그녀는 뭔가 착오가 있는 게 아니냐고 말하고 싶었다. 자기는 제일 나중에 왔다고, 그러니까 하루 종일 기다려도 괜찮다고 말하고 싶었다.

우리는 막상 자기 차례가 되었을 때에, 마침내 결정의 시간이 다가왔을 때에 종종 망설이고 가끔은 기다림의 시간을 연장하고픈 생각마저 품게 마련이다. 의사에게 진찰을 받았지만 진단 결과는 아직 듣고 싶지 않을 때처럼 말이다.

어쨌든 그녀는 아무 말도 안 했다. 그저 시키는 대로 따랐다. 이 대기실에서, 이 건물 안에서 어떤 규칙이 적용되는지도 모르거니와 자기가 대기실 의자에 앉아서 얼마나 기다렸는지도 알 수 없었기 때문이다.

지켜보던 우리도 그녀와 같은 느낌을 받는다. 대기실에 들어선 지 얼마 안 된 것 같지만 반드시 그렇다고 잘라 말할 수는 없는, 그런 느낌이다. 시간을 확실히 알려줄 벽시계도 손목시계도 없다. 어쩌면 생각보다 오래 기다렸는지도, 보기보다 오래 기다렸는지도 모른다. 어쨌든 그런 일은 그리 중요하지 않다.

다른 손님들은 불만스러운 눈길을 보냈다. 그들은 틀림없이 아주 오래 전부터, 물론 언제부터 기다렸는지는 알 수 없지만, 기다렸을 것이다. 그런데 뒤늦게 나타난 젊은 여자가 별다른 해명도 없이 자기들보다 먼저 불려가지 않는가!

아가씨는 어깨에 가방을 메고 일어나서 방을 가로질러 나갔다. 그러고는 헬렌을 따라 다른 방으로 들어갔다.

두 여자의 등 뒤로 문이 닫혔다. 기다리던 사내들 중 몇몇이 한숨을 내쉬었다. 어떤 이들은 몇 마디 불평을 늘어놓았다. 서류가방을 두 손으로 안고 있던 남자는 다시 살그머니 가방을 내려놓았다. 어떤 이는 목소리를 가다듬는 듯 마른기침을 두어 번 했다.

전차가 지나갔다. 전차는 두 번 신호음을 울렸다.

···

아가씨―앞으로 우리는 그녀를 여학생 혹은 방문객이라고 부르기도 할 것이다―는 이제 이중문을 지나서 아주 널찍한 방에 들어섰다. 방은 사방이 책, 논문, 브로슈어, 각종 자료와 도구들로 가득 차 있었다. 분필과 지우개가 딸린 칠판도 있고, 케이스에 들어 있는 바이올린과 어지럽게 흩어진 악보들이며 악보대도 눈에 띄었다. 이 방에 있는 몇 가지 가구들도 족히 20세기 초반 혹은 중반까지 거슬러 올라가는 옛 물건들처럼 보였다.

그녀는 재빨리 이 새로운 공간을 둘러보았다. 잠깐 사이에 방의 모든 꾸밈새를 눈여겨볼 수는 없지만, 방에 문이 세 개나 된다는 것은 알 수 있었다. 그 문들은 닫혀 있었다. 그녀가 방으로 들어올 때 통과한 문 이외에도 문이 세 개나 더 있었던 것이다.

그녀의 등 뒤에서 날카롭지만 약한 음성이 들렸다.

"이제 나가보게, 헬렌."

아가씨는 뒤를 돌아보았다. 그녀는 알베르트 아인슈타인 앞에 서 있었다. 조금도 변하지 않은 알베르트 아인슈타인, 바로 그 사람이었다. 살아 있는 알베르트 아인슈타인, 그를 알아보기란 어렵지 않았다. 55세에서 60세쯤 되어 보이는 그는 수염이 덥수룩하며 백발에 가까운 머리칼을 길게 늘어뜨렸다. 꼬리 부분이 처진 두툼한 눈꺼풀 아래에선 짙은 색깔의 눈동자가 빛나고, 이마에는 주름이 잡혀 있었다. 모두에게 잘 알려져 있는 모습 그대로였다.

그는 아주 소박한 옷차림을 하고 있었다. 매우 낡은 바지, 역시 아주 오래된 듯한 연한 베이지색 스웨터를 입은 그는, 양말은 신지 않은 채로 가는 가죽 끈 샌들을 신었다. 그의 몸짓은 왠지 서툴러 보였고 얼굴에는 미소를 머금고 있었다.

헬렌은 책꽂이 뒤에 감춰져 있던 작은 문으로 나갔다. 미처 보지 못한 문이었다. 그러니까 이 방에는 문이 다섯 개나 딸려 있는 셈이었다.

헬렌은 문을 닫기 전에 아인슈타인에게 이렇게 말했다. "그럼 조금 있다가 뵙지요. 필요하면 부르세요."

"그러지. 고맙네, 헬렌." 아인슈타인이 대꾸했다.

갈색 머리의 헬렌은 여전히 문을 잡은 채 한마디 더 했다. "다른 손님들은 어떻게 할까요?"

"아, 만나 봐야지."

"그럼, 기다리게 할까요?"

"기다려야겠지."

아가씨는 방에 아인슈타인과 단 둘만 남게 되자 고개를 수그렸다. 조금은 겁을 먹은 듯한 인상이랄까. 그럴 만도 했다. 하지만 침착한 기질을—다소 대담하기까지 한—타고났는지 금세 원래의 기세를 되찾았다. 그녀는 자기를 빤히 바라보는 이 유명한 학자에게 말을 건넸다.

"선생님께서 시간은 존재하지 않는 거라고 말씀하셨기 때문에 뵈러 올 수 있었어요."

"잘했군." 아인슈타인은 여전히 그녀에게서 시선을 거두지 않고 말했다.

"제 운을 시험해본 셈이지요."

"알다시피, 가끔은 그런 게 먹히지."

"사실, 믿지는 않았어요, 하지만……."

그녀는 뭐라 말해야 할지를 몰랐는지 이렇게 덧붙였다. "제 손목시계가 멎었어요."

"그랬구먼. 게다가 이 건물 안에서 멎었단 말이지. 사람들이 불평을 하겠구먼. 자네에게 한마디 하자면, 나는 손목시계를 갖지 않기로 했다네."

아인슈타인은 갑자기 웃음을 터뜨렸다. 그것도 폭포처럼 걷잡을 수 없는 웃음을 시끄럽게 쩌렁쩌렁 울릴 정도로 쏟아냈다. 마치 자기가 아주 웃기는 말을 했다는 듯이 말이다. 그의 반응이 아가씨를 조금 당혹스럽게 했다. 그가 간신히 웃음을 거두자 아가씨는 이렇게 물었다.

"없으면 곤란하지 않으세요?"

"뭐가?"

"시계 말이에요."

이번에는 그가 미소를 지으며 가볍게 어깨를 으쓱해 보였다.

"아, 전혀! 특히 지금은 전혀 곤란할 게 없지. 시계를 갖다가 뭐에 쓴담?"

두 사람은 서로 마주보며 잠시 아무 말이 없었다. 얼마나 시간이 지났는지, 시각이 어떻게 됐는지, 무슨 말을 하고 무엇을 해야 할지를 몰랐다. 그저 상대편에서 뭔가 신호를 주기만 기다릴 뿐이었다. 여학생은 알베르트 아인슈타인이 자신을 유심히 뜯어보고 있다는 점을 알아차렸다. 그는 아가씨의 얼굴, 손, 몸매, 옷차림, 가방을 눈여겨보고 있었다. 만약 그녀가 알베르트 아인슈타인에 대한 책을 읽었다면―그를 보려고 이 건물까지 찾아온 사람이니만큼 아마 그랬을 것이다. 도대체 어디서 이런 정보를 얻었는지는 모르지만 그녀는 알베르트 아인슈타인을 만나고도 놀라지 않았다―그가 여자들에게 둔감한 남자가 아니라는 사실도 알고 있을 것이다. 아니, 오히려 그 반대로 그의 인생에는 여자들이 줄줄이 등장하던 시기가 있었다. 또한 그녀는 대부분의 남자들이 자기를 매력적으로 본다는 사실도 안다. 남자들이 그런 말을 직접 하기도 했고, 말을 하지 않아도 충분히 깨닫게 해주기도 했다.

그 점을 이용하기로 마음먹었을까? 우리는 알 수 없다. 아니, '아직은' 모른다. 어쩌면 그녀 자신도 모르고 있을 것이다. 지금 이 순간 그녀의 진짜 의도에 대해, 그녀가 무엇을 예상하고, 생각하고, 바라는가에 대해 질문을 던진다 한들 무슨 소용이 있으랴. 쓸데없고 작위적인 짓일 뿐. 우리는 아직 아가씨를 그 정도로 잘 알지 못한다. 그녀가 어떻게 여기를 찾아왔는지, 사실은 무슨 목적에서 왔는지도 모르지 않는가. 우리는 그저 그녀를 길에서부터 따라왔을 뿐이다. 그녀에 대해 아는 것이라곤 이게 거의 전부다.

우리가 책을 읽거나 글을 쓰는 입장이 아니라 영화관이나 텔레비전이나 연극무대를 바라보는 관객 입장이라면, 이 책에 등장하는 인물들에 대해 어떤 부차적인 질문도 던지지 않으리라. 거기에는 아주 그럴싸한 이유가 있다. 우리에게는 그럴 시간이 없기 때문이다. 관객인 우리는 스크린이나 무대의 움직임에 따라 휩쓸려다닌다. 물론 그 움직임이 우리의 마음을 끌어당길 만큼 매력적이어야 한다는 조건이 따르지만. 도저히 거부할 수 없을 만큼 매력적이라면 그만큼 작품은 성공적일 것이다. 그럴 때면 상황에 대한 질문들 따위는 우리 안에서 자연스럽게 스러져버린다.

어떤 대목을 다시 보거나 지나간 장면을 확인하기 위해 영화를 거꾸로 돌릴 수는 없다. 관객인 우리는 그저 보고 들을 뿐이다. 우리가 온전히 사로잡힐 때는 그렇다.

아가씨는 무슨 말을 하려는 듯 손짓을 해 보이더니 입을 열었다.

"문 밖에 기다리고 있는 사람들이 굉장히 많던데요."

"그건 내 책임이 아니지."

"하지만 선생님 댁 대기실이잖아요?"

"그렇게 말하자면 그렇지. 하지만 자네도 알다시피 나는 변호사도 아니고 치과의사도 아니라네."

"하지만 저 사람들은 선생님께 상의할 일이 있어서 오는 거잖아요?"

"그렇지, 그렇다고 할 수 있지. 이따금 나에게 상의를 하지."

"어떤 일로 상의를 하나요?"

"아, 거의 전부에 대해서라고 해야겠지. 새로 개발하는 다리미, 프린터, 엔진, 광섬유 따위의 컨셉을 의논하러 오기도 하고. 별의 중심을 관통하면 어떻게 되는지, 혜성 꼬리를 관통하면 어떻게 되는지를 물으러 오기도 하지. 하지만 대부분은 나에게 뭔가를 증명하러 오는 사람들이라네. 내 학설이 처음부터 끝까지 다 틀렸다는 걸 증명해 보이겠다고 오는 거지.”

“항상 그런 사람들이 찾아오나요?”

“아무렴, 항상 오지. 어쨌든 내가 보기에 ‘매일매일’ 이 모양이야. 솔직히 말하자면 난 이제 ‘매일매일’이라는 말의 의미도 잘 모르겠군. 달력을 사용하지 않은 지도 오래되었으니까. 시계도 마찬가지고. 시간이니 날짜니 하는 개념들이 이제는 나와 상관없으니까.”

“이 사람들이 다 어디에서 오나요?”

“뭐, 거의 사방천지에서 오지. 그 사람들한테 물어보지 않아서 모르겠군. 어디서 왔는지, 언제부터 와서 기다렸는지, 그런 건 묻지 않는다네.”

“마치 다른 시대에서 빠져나온 사람들처럼 보이던데요?”

“아마 너무 오랫동안 기다리고 있어서 그렇겠지. 그런 생각은 안 들던가?”

아가씨는 다시 잠시 동안 입을 다물었다. 이번에도 역시 얼마나 그러고 있었는지는 알기 힘들었다. 그녀는 아인슈타인의 사무실을 둘러보고, 다시 아인슈타인을 바라보았다. 50여 년 전에 죽었다는 그 사람(모든 인물 사전에 그렇게 나와 있다), 하지만 바로 여기 엄연한 살과 뼈를 가지고 자기 앞에 존재하는 그 사람을. 이곳은 그의 사무실이고, 이상하게 옷을 차려 입은 사람들이 그를 만나러 오지 않는가.

아가씨가 입을 열었다.

"어쨌든 저를 맨 처음 맞아주셨군요."

"아, 그랬나?"

"왜 놀라세요? 선생님께서 결정하신 일이 아닌가요?"

"아닌데. 자네도 알다시피, 그런 일은 절대로 내가 결정을 내리지 않는다네."

"그렇다면 누가 결정을 하죠? 아까 뵌 여자 분이 결정하시는 거예요?"

"헬렌 말인가? 아, 물론이지. 헬렌이 자네에 대해 이야기를 해주었지. 방금 전에 웬 젊은 아가씨가 찾아왔다고 말이야."

"그분이 그렇게 말하셨어요? 그런데 왜 저를 들어오게 하신 거예요?"

아인슈타인은 팔을 벌리고 손을 활짝 펴더니 여전히 만면에 미소를 띤 채 이렇게 대꾸했다.

"아가씨를 보게 되어서 무척 기쁘기 때문이지."

"왜 저를 보아서 기쁘신데요?"

갑자기 그의 얼굴에서 웃음기가 사라졌다. 그는 한순간 망설이는 듯하더니 마침내 이렇게 말했다.

"왜냐하면 말이지, 자네의 존재는 인류가 멸망하지 않았다는

증거가 되거든. 자네는 말하자면 '미래'라고 부르는 시간에서 나를
찾아왔으니까 말이야."

"인류가 멸망할까봐 두려우세요?"

"암, 두렵고말고!"

"원자폭탄 때문에요?"

아인슈타인은 분명히 해두자는 듯이 집게손가락을 쳐들며 말
했다.

"정확한 명칭을 거론하자면, 핵무기 때문이라고 해야겠지."

"만약 인류가 멸망한다면 그 책임을 뒤집어쓰게 될까봐 두려우
세요?"

이 물음에 아인슈타인의 얼굴이 갑자기 심각해졌다. 그런 표정
은 처음이었다. 그야말로 어두운 그늘이 얼굴에 드리운 것 같다고
나 할까. 너무나 어두운 그늘. 방문객 아가씨는 일말의 망설임도 없
이 그를 불편하게 하는 질문을 정통으로 던진 셈이었다. 그는 목이
졸린 듯 꺼져가는 목소리로 말했다.

"그래……, 사실이 그렇지. 두려운 게지."

"하지만 누구에게 책임을 진단 말인가요? 인류가 멸망하면 선
생님을 원망하거나 비난할 사람도 없을 텐데요?"

아인슈타인은 그 말에 미소를 되찾았다. 그는 아가씨의 재빠른
발상 전환에 아주 깊은 인상을 받은 듯했다. 그는 이렇게 말했다.

"그래, 아무도 없겠지. 아가씨 말이 옳구먼. 어쨌든 간에 말이

야."

　두 사람은 잠시 생각에 잠겼다. 아마도 저마다 자신의 방식과 방법대로 이 대대적인 멸종을 상상해보았으리라. 어쨌든 스스로 살아 있음을 의식하게 된 순간부터 산 자를 엄습하는 사라짐의 문제를. 아인슈타인은 아가씨의 나이를 생각해보았다. 스물두 살 혹은 스물다섯 살쯤? 그 나이에 벌써 무無의 의미를 안다는 것은 전혀 불가능하지는 않아도 있을 법하지 않은 일이다. '무'는 대단히 귀중한 의미이지만, 일반적으로 그 의미는 나이가 들면서 와 닿게 된다. 인간의 청춘기에는 모든 것이 앞으로만 전진하고, 모든 것이 존재하며, 존재[有]가 대립자를 압도한다. 대립자, 곧 무無는 밀항자처럼 차츰차츰 우리 안에 자리를 잡을 뿐이다. 그러다가 무는 우리가 곧장 다가갈 수 있을 만큼, 더 이상 빠져나갈 수 없을 만큼 확실해진다. 내일 아침에 무로 돌아간다 해도, 사물과 그 사물에 대한 기억마저 종말을 맞는다 해도, 어쩌면 오늘 저녁에 그렇게 된다 해도 상관없을 정도로.

　아가씨는 내심 놀라워하고 있었다. 지금 그녀가 처한 상황, 무어라 정의할 수 없는 이 상황에서 아인슈타인은―그녀 앞에 떡하니 버티고 있지만 자기 존재에 대해 아무 암시도 남기지 않는 이 사람, 지금 이 방 안에 실제로 존재한다고 생각되는 이 사람은―여전히 존재하는 것과 존재하지 않는 것 사이의 낡은 대화에 관심을 보이고 있지 않은가.

"아, 사실은 이제 그렇게까지 관심을 두고 있지는 않지. 그저 잊혀지지가 않을 뿐이야." 아인슈타인이 말했다.

아마도 아가씨는 이것저것 질문을 퍼붓고 싶어서 입술이 근질근질했을 것이다. 지금 그녀 앞의 아인슈타인은 무엇으로 이루어진 존재인가? 그는 어떤 존재인가? 하지만 그런 질문은 삼갔다. 이런 질문들은 아마도 지나치게 단순하고 상황에도 어울리지 않았을 것이다. 그녀는 건물에 들어왔고, 거대한 계단을 따라 올라왔으며, 오래 기다리지 않고 헬렌이라는 여자의 안내로 이 방까지 들어왔다. 이 모든 일이 별 어려움 없이 자연스럽게 이루어졌다. 어떤 강요도 없었고, 두려움을 자아내는 스핑크스의 수수께끼 따위도 없었다. 마치 일상적인 시간상의 문제들, 사소한 지체나 잘못 들여놓은 발걸음, 망각, 실수, 통과의례(신원 확인이나 방문 목적 확인 따위) 등이 갑자기 증발해버린 것 같았다.

우리 모두는 다양한 생활 속에서 브레이크를 재차 밟아야 할 것 같은 느낌을 받곤 하지만 지금은 모든 행위가 편안하고 유연하게 변하여 그럴 필요가 없어진 것 같다.

그녀는 조심스럽게 불가능 속으로 침입해 들어왔다. 시간의 역할 자체가 바뀐 것 같았다. 이번만큼은 시간이 자기 자신에게, 관념의 단순한 힘에 기꺼이 복종하는 듯했다.

어떤 공연들은 강한 설득력을 발휘한다. 그래서 근본적인 인위성, 즉 무대와 배우들의 존재가 허구성을 일깨워줌에도 불구하고

관객들은 무대 위에서 벌어지는 일을 실제의 일로 믿어버리게 된
다. 모든 것이 구상되고 연출된 것임을 머리로는 알면서도 마음으
로는 믿게 되는 것이다. 영국인들은 그와 같이 귀중한 순간을 '의
혹 유예suspension of disbelief'(불신에 대한 자발적 중지라고도 한다. 허
구인 줄 알면서도 스스로 사실인 양 믿고자 하는 자발적 감정 상태를 말한
다.—옮긴이)라고 부른다. 이것은 전적인 몰입을 가리킨다. 우리는
어떤 현실에, 좀더 상위의 진실—그 순간에는 다른 어떤 진실들보
다 강력한 힘을 행사하는 극적 진실—에 압도되어 불신은 일단 바
구니에 넣어둔다. 불신에 '괄호'를 치고 일단 '유예suspens' 상태로
둔다고 해도 좋겠다.

　물론 나중에는 불신이 되살아날 것이다. 불신은 인간이라는 회
의적 존재와 떼려야 뗄 수 없는 관계니까. 만약 아무런 의혹도 일어
나지 않고 계속 진실을 마주했노라는 확신만 남는다면, 그 사람은
그 환상을 보여준 단체 혹은 집단에 참여하러 얼른 달려가게 될 것
이다. 그리고 바로 그때부터 그 사람은 빗나가게 된다.

▪ ▪ ▪

　아가씨는 다시 한번 주변을 돌아보았다. 딱 꼬집어 말할 수는
없지만 그녀가 방에 들어온 순간부터 몇 가지 물건들이 자꾸 바뀌
고 있는 것 같았다. 그녀가 있는 방의 모습도 달라진 것 같았다. 말

하자면, 계속 변화하는 어떤 희미한 것들 사이에 둘러싸여 있는 느낌이라고나 할까. 하지만 있던 곳으로 돌아가거나, 왜 이 공간이 범상치 않은지를 묻고 싶은 마음은 없었다. 아니, 오히려 그 반대였다. 그녀는 대담무쌍하고도 순진하게 하나의 차원으로 들어왔고, 그 점에 대해 아무 의심도 품지 않았다. 우리는 그녀가 이 체험을 즐기기를 바란다. 지금 그녀가 놓인 상황은 일상의 시간이―그리고 아마도 공간도―그녀에게 특별한 관용의 순간을 베푼 셈이다. 지나친 호기심으로 매혹적인 이 순간을 망치지 않는 게 나으리라.

"연구를 계속하고 계시군요." 그녀가 말했다.

"왜 안 그렇겠나? 지금은 연구 외에 할 일이 전혀 없는걸. 이제는 사람들이 강연회니 탄원서니 하는 일들을 맡기지 않으니까. 게다가 난 요사이 지정학적 상황이 어떻게 돌아가고 있는지도 모른다네. 나 역시 오직 연구를 하기 위해 여기 있다고 생각하고 있기도 하고. 어쨌든 가끔은, 그래, 가끔은 그런 생각을 한다네. 생각이란 빛과 같아서 연속적이기도 하고 비연속적이기도 하거든."

"무슨 뜻이에요? 설명이 좀 필요한데요."

아인슈타인은 다시 팔을 쳐들더니 조용히 허벅지께로 손을 늘어뜨렸다. 친숙한 동작이었다. 이따금 그는 만화주인공이나 동화 속의 영감님, 그러니까 『피노키오』의 제페토 영감님 같은 행동을 하곤 했다.

"설명…… 설명이라……, 사람들은 요구가 많지. 항상 전부 이해하려고 한단 말이야. 음, 나도 아가씨에게 설명을 해보고 싶네. 자주 그런 시도를 하곤 하지. 어쨌든, 나는 뭐든지 설명을 하려고 시도하는 사람이거든. 이유를 갖다 붙이지도 않고서야 단정을 내릴 수 없는 법이지. 하지만 설명이 항상 전부는 아니야."

"그건 또 무슨 말씀이세여? 설명해주세요."

"자, 아가씨, 이해가 안 되는 척하지는 말게. 그러니까 핵심은 이거야. 누군가에게 무엇을 설명하려면 그 상대에게 이해하려는 의도와 욕구가 있어야만 하지. 그렇지 않으면 벽에 대고 떠드는 것과 무엇이 다르겠나?"

"저는 이해하고 싶은 마음도 있고 그럴 뜻도 있는데요. 배우고 싶은 마음도 있고요. 그러니까 제가 여기 온 것 아니겠어요? 선생님 계신 곳으로 선생님을 직접 만나러 왔잖아요. 저도 청원서 따위를 부탁드리러 온 사람은 아니에요. 어떤 입장을 대변하거나 옹호할 마음도 없어요. 선생님 덕을 보아 돈을 번다는 생각도 안 해봤고요. 저는 그저 좀더 알고 싶을 뿐이에요. 하지만 제가 선생님에 대해서 들은 이야기나 여기저기서 읽은 내용을 보건대, 선생님 말씀이 제가 이해하기에 그리 쉽지는 않더군요."

"분명히 사람들은 좀더 단순한 이야기를 원하지. 나도 그랬으면 좋겠어. 그러면 인생이 한결 수월할 거야. 하지만 대부분의 경우에 단순함이란 기만에 지나지 않는 듯하이. 기만이 아니면, 분장쯤 된다고나 할까. 그 이유는 사물이, 사물이라는 것 자체가 단순하지 않기 때문이라네. 적어도 그 점만은 확실히 말할 수 있지. 우리는 세계의 단순함에 이미 안녕을 고했어. 물질보다 더 복잡하고 사람을 당황스럽게 하는 것은 없지."

"물질을 무엇에 비교해서 말씀하시는 건가요?"

"뭐라고?"

"방금 '물질보다 더 복잡하고 사람을 당황스럽게 하는 것은 없다.'고 하셨잖아요. 무엇을 염두에 두고 그렇게 말씀하신 거예요? 다른 무엇을 비교대상으로 삼고 그렇게 말씀하시는 건지 궁금해요."

아인슈타인은 웃으면서 그녀를 쳐다보더니 머리를 설레설레 흔들었다. 마치 그녀가 방금 던진 질문을 음미하고 감식하는 전문가 같은 모습이었다. 그는 이렇게 중얼거렸다.

"그래, 잘 지적했네. 물질과 시공간이 전부지. 우리에겐 비교의 기준이 없어. 우리가 생각하는 단순함의 관념 외에는 아무것도 없지. 우리는 물질과 물질의 부재를 비교할 수밖에 없겠지. 그리고 이건 엄밀히 말하자면 아무 의미도 없을 테지. 시공간은 무엇에 비교할까? 우리들 자신이 어떤 시공간 안에서 이루어지는 물질의 역사의 한 순간이지. 그 순간을 우리는 '의식'이라고 부르지. 그리고 우리는 분명히 소위 '정신esprit'이라는 것을 갖고 있어. 우리가 정신이라고 부르는 바로 그것 말일세. 그것이 정신임을 우리의 정신이 받아들이는 거야. 알고 싶고, 이해하고 싶은 정신. 정신이란 그런 거라네, 동의하나?"

"예, 저도 그렇게 생각해요."

"하지만 '이해하다'라는 말은 정확하게 무엇을 의미하는 걸까? 어떻게 이 단어를 설명하지?"

"선생님께서는 우주를 이해할 수 있다는 것이야말로 가장 이해하기 힘든 일이라고 하셨잖아요."

"내가 그런 말을 했던가?"

"예."

"그건 분명히 농담이었을 거야. 아니면, 어느 날 굉장히 낙천적인 기분에 휩싸여서 그런 말을 했는지도 모르지. 그것도 아니면 누군가가 귀찮게 굴어서 그냥 떼어놓으려고 둘러댄 말인지도. 그렇게 단언해서 하는 말들은 항상 경계해야 해. 바로 그런 말들이야말로 위험스러운 단순성을 지니고 있으니 말일세. 어쨌든 간에 내가 우주를 '이해할 수 있다'는 표현은 쓰지 않았을 거야. 그건 뭐, 사소한 착오겠지. '접근할 수 있다' 혹은 방정식 따위로 '정리해볼 수 있다' 정도면 모를까. 자, 아가씨가 원한다면 내가 한 가지 예를 들어 보이지. 우리는 지금까지 설명의 어려움에 대해 이야기를 했으니까 말이야. 내가 아까 연속과 불연속이라는 말을 했지? 자네는 이 두 단어에 어떤 의미가 숨어 있는지 알고 있나?"

"예, 안다고 생각해요."

"그럼 말해보게. 내가 들어보지."

아가씨는 이 물음이 일종의 입문 테스트라는 점을 어렵잖게 알아차렸다. 그래서 될 수 있는 한 명확하고 단순하게 연속과 불연속의 정의를 내리려고 애썼다. 하지만 자연스럽게 그녀는 뭐라고 말해야 할지 모르게 되었다. 어떤 힘, '연속적인', 그러니까 중단이나 휴지나 전환이 없으며 상태의 변화도 없는 사건을 어떻게 정의할까? 그와 동시에 '불연속', 간격, 정지—다름 아닌 '연속'의 반대이면서 '연속'과 떼어놓고 생각할 수 없는—는 어떻게 정의한단말인가? 연속은 불연속을 매개로 삼아 생각될 수밖에 없다. 그리고아마 그 반대의 경우도 마찬가지리라.

아인슈타인은 이 간단한 테스트를 별로 진지하지 않은 게임처럼 여기는 듯했다. 그는 손가락을 들고 방문객을 조금 도와주겠다는 듯이 이런 질문을 던졌다.

"자, 원은 연속인가, 불연속인가?"

"연속이지요."

"그럼 직선은?"

"불연속이오."

"확실한가?"

"그런 것 같은데요. 직선은 처음과 끝이 있잖아요. 양쪽 말단이처음과 끝에 해당하지요."

"어떤 면에서는 자네 말이 옳아. 지금 아가씨가 한 말이 대부분사람들의 생각과 일치하지. 그러니까 정상적인 답변을 한 셈이야.일단, 원은 처음도 없고 끝도 없지. 그런데 직선은 어느 지점에서 시작해서 어느 지점에 가면 멈춘단 말이야. 그러니까 직선은 불연속이고 원은 연속이라고 보는 거지. 글쎄, 우리에겐 이 점에 대해 아무 의심의 여지가 없는 것처럼 보일 거야. 그런데 말이지, 우리는 정반대로 말할 수도 있다네."

"정반대로요?"

"거의 정반대라고 할까. 우리는 직선이 서로 맞닿아 있는 점들로 구성되어 있다는 점에서 연속이라고 말할 수도 있다네. 하지만 서로 맞닿지 않은 채 찍혀 있는 점들은 불연속이겠지."

"그렇게 볼 수도 있겠군요."

"게다가 직선은 무한하다고 볼 수도 있거든. 우리는 관념을 통해 직선을 무한히 연장할 수 있지. 반면, 원은 유한하고 닫혀 있다네. 사실, 연속의 원형은 빈 공간, 그러니까 무한한 공간이라고 해야 할 걸세. 그리고 불연속의 원형은 낱알, 원자가 되겠지. 뭐, 하지만 아가씨 생각도 옳아. 그것이 좀더 보편적인 견해라고 할 수 있지. 게다가 오랫동안 어떤 철학자들은, 일부 과학자들조차도 원을 완전한 도형, 신의 창조를 나타내는 이미지로 생각해왔거든. 그리고 직선은 피조물의 유한성을 나타내는 이미지로 보았고 말이야. 인간도 유한한 피조물들 중 하나지."

"우리의 인생은 직선과 같은가요?"

"그렇지, 처음과 끝이 있으니까. 우리는 그 선을 어떤 방향으로든 연장할 수 없지 않은가."

"그러면 신은 원을 통해서만 작용하나요?"

"인간들이 그렇게 결정한 거지. 신은 시작도 없고 끝도 없는 영원성을 상징하는 원을 따라 행사한다고 말이야. 바로 그런 이유에서 천체는 원주圓周 또는 구형求刑으로 인식되는 것이지."

"하지만 실제로 천체는 구형이잖아요?"

"글쎄, 충고하자면 그렇게 깊게 들어가지는 않는 게 좋을 거야. 사실, 제대로 말하자면 굉장히 길어질 수 있는 문제거든. 물론, 어떤 천체들은, 특히 행성들은 구형으로 보이지. 하지만 그 밖에도 여러 가지 사항을 고려해야 한다네."

"그런 결국 신은 상관이 없단 말인가요?"

"그건 나도 모르지. 어쨌든 원과 직선의 케케묵은 대법구소는 이미 잊혀진 지 오래란 말씀이야. 그런 문제를 위해서 내가 나타난 것은 아니었지. 이제 그 둘은 서로 결합하고, 한데 섞이기에 이르렀어. 엄밀하게 따져본다면 원과 직선을 구분한다는 게 조금 힘들 정도지."

"어머, 그래요?"

"그렇고말고. 우선 원과 직선은 모두 우리 사유의 산물이지. 그 둘은 기원이 같아. 인간은 오랫동안 직선을 통해 생각해왔어. 아니, 적어도 그렇게 생각하려고 노력을 했지. 논리학, 이성, 나아가 기하학의 도움을 빌어서 명확성과 엄정성을 통해 생각하려고 했단 말이야. 직선적 사고를 통해 한 점에서 다른 점으로 가급적 빨리, 가급적 간단하게 나아가려고만 했던 거야. 우리의 사유는 삼각형으로, 사각형으로, 장방형으로 발전을 했지. 그런데 갑자기 난데없이 곡선이 침입한 거야! 구불구불 굴곡이 생긴 거지! 그때는 아무도 예상치 못한 일이었어! 곡선이 파고들어 휩쓸어버렸지! 우리는 처음으로 그런 상황을 보게 된 거야! 공간마저 휘어져버렸지!"

"그게 다 선생님 덕분이잖아요."

"나 때문이라고?"

"휘어진 공간에 대해 말한 당사자가 바로 선생님 아니셨어요?"

"아, 그렇지. 휘어진 시공간 이야기를 했지. 하지만 나로서는 선택의 여지가 없었어."

"왜요?"

"왜냐하면 과학은 요란한 변덕이나 기적적인 계시를 받아 이루어지거나 씌어지는 게 아니거든. 과학은 결코 한 사람의 작업이 아니지. 과학은 동반과 지원을, 다른 연구자들의 동의를 전제로 하지. 과학은 매일같이 머리가 천 개나 달린 괴물을 맞닥뜨리고 있어. 우리는 그 괴물을 현실이라고 부르지. 현실과의 싸움은 정말 힘겹지. 그건 분명하게 장담할 수 있다네. 우리는 항상 신선한 두뇌를 필요로 하지. 필연적으로 모든 것을, 절대적으로 모든 것을 자신의 머리, 우리 자신에게로 귀결시키게 되는 법이니까. 이렇게까지 말할 수도 있어. 우리는 우리를 잊는 법을 배워야 했다고. 삐딱하게, 눈에 보이는 것을 넘어서서, 심지어 인간이기를 초월해서 생각하는 법을 배워야 했다고 말이야."

"하지만 지금 선생님께서 말씀하시는 사유는 분명히 인간의 사유잖아요?"

"지금까지 우리는 다른 사유를 알지 못하니까."

"그래서 유감스러우세요?"

"아, 그럼. 인간의 사유가 아닌 다른 사유를 만난다면 그건 대단히 열정적이고 획기적이며 경이롭고 특별한 일이 되지 않겠나? 잊혀진 대륙을 발견하거나 알려지지 않은 식물이나 광물을 찾아내는 것 이상으로 놀라운 경험이 되겠지. 하지만 우리는 인간 외적인 사유, 혹은 외계의 사유를 그저 상상할 수밖에 없다네. 그러니까 결국 그 상상도 우리 인간에게서 나온 것일 뿐이야. 인간의 산물이 아닌 척해봤자, 다른 세계에서 나타난 불그스름한 생명체나 거대한 거미 따위를 내세워봤자 결국은 전부 사람의 머리에서 나온 거란 말이지."

"제가 바르게 이해했다면 선생님께서는 인간의 사유가 연속적이면서 불연속적이라고 말씀하신 것 같은데요."

"나 자신에게 그 사실을 검증해 보일 수 있지. 자주 그랬어."

"어떻게요?"

"그런 게 기분전환이지. 우리는 모두 거기에 따르게 되어 있어. 나는 가끔 요트를 타곤 했는데—아, 그렇게 사치스러운 놀음은 아니었어. 그냥 독일의 어느 호수에서 타보았을 뿐이야—그때마다 거의 항상 혼자였다네. 나는 사람들이 말하는 관념을 바꾸고 싶었지. 오로지 나와 요트만 생각하면서, 내가 어느 정도 알고 있는 필수적인 조종법만 생각하면서 호숫가에서 멀리 떨어진 곳까지 나아가고 싶었어. 그때 문득 어떤 생각이 떠올랐지. 그 생각에 어찌나 골똘했던지 나도 모르는 새 그만 손에서 키를 놓은 채 만사를 잊고 바람 부는 대로, 물결 이는 대로 떠내려가고 있었다네. 마치 불연속성이 연속성에게, 나의 변함없는 관심사에 자리를 내어준 것 같았다고나 할까? 그 순간은 정말 그런 느낌이었지. 하지만 그 시간은 기껏해야 한두 시간밖에 되지 않았을 거야. 바람의 방향이 바뀌고, 구름이 밀려오고, 호숫가에서는 사람들이 나보고 조심하라고 소리를 질러댔지. 나는 무슨 일인지 납득조차 못하고 있었어. 내 생각에 완전히 사로잡혀서 무슨 일을 하고 있었는지 의식도 못한 거지. 물이고 바람이고 위험이고 간에 완전히 딴 세상 일이 되어버렸던 거야."

"자칫하면 물에 빠지실 뻔했군요."

"그런 적은 한두 번이 아니었지. 하지만 포츠담에서는 괜찮았어. 그리고 미국에서는 바닷물에 빠질 뻔했지."

"제 기억이 맞다면 말이지요, 선생님께서는 빛도 마찬가지라고 하셨어요."

"그래, 그런데?"

"빛도 정말 연속적이자 불연속적인가요?"

"아니, 그걸 모른단 말인가?"

위험해요...

"알아야겠지요, 하지만……."

아인슈타인은 갑자기 그녀의 말을 냉담하게 잘라먹고는 도대체 요즘 학교에서는 뭘 배우냐고 물었다. 그는 "우리 시대에는", 그러니까 적어도 1930년대 이후에는 빛이 파동과 입자의 이중성을 띠고 있다는 점을 모르는 사람이 없었노라고 주장했다(파동으로서의 빛은 연속이고, 입자로서의 빛은 불연속이다). 그리고 이러한 모순을 받아들일 수 있게 된 것은 가히 인간 정신의 위대한 승리라고 할 만하며 그 사실을 잊어버린다는 것은 수치스러운 일이라고 했다.

그는 아주 어렸을 때부터 빛에 이끌렸다고 했다. 빛은 그를 사로잡고 매혹시켰다고, 빛은 세계의 거대한 수수께끼였고 어떤 비밀을 품고 있는 것처럼 보였다고 했다. 모든 의문은 빛에서 나와서 빛으로 돌아간다고, 빛은 탄생이자 죽음이요, 안과 겉이며, 문제이자 답변이라고 했다. 그는 자신이 빛과 더불어 우주에 놓인 일종의 천체가 되는 상상을 수없이 했다고도 말했다.

아인슈타인은 흥분을 다소 가라앉히며 이렇게 말했다. "연속이자 불연속이지. 아무렴, 사물의 본질처럼. 나는 거기에 토대를 두고 첫 번째 이력을 세웠지. 막스 플랑크Max Flanck라는 독일의 물리학자는 어떤 상황에서는 에너지가 연속적으로 방출되지 않는다는 사실을 발견했다네. 그건 당시까지의 세간의 믿음과 상반된 결과였지. 그때까지는 그런 생각이 받아들여지지도 않았고, 학교에서 가르칠 수도 없었단 말이야. 하지만 에너지는 균일한 흐름이나 파동이 아니야. 아무렴, 에너지를 실제로 관찰하면 딸꾹질을 하듯 불연속적이라는 점을 알게 될 거야. 사실, 에너지는 아주 작은 양量들을 통해 방출되지."

"그게 바로 양자量子지요?"

"그렇지, 적어도 명칭은 알고 있구먼. 플랑크는 아주 뛰어난 이론가였지. 우리는 모두 그 덕분에 많은 것을 알게 됐다네. 그는 대단히 창의력이 풍부하고 양심적이랄 만큼 정직한 인품의 소유자였어. 그는 자기가 일대혁명을 일으킬 만한 현상을 발견했음을 깨달았지. 1900년부터 플랑크는 베를린에서 자기 아들에게 이 문제에 대한 연구를 맡겼던 것 같아. 하지만 그는 자신의 발견이 몰고 온 결과들은 보지 못했지. 아니, 어쩌면 보고 싶지 않았을지도 몰라. 내 생각에 그는, 자기가 세계 자체를 문제 삼는다고 느꼈던 것 같아. 그는 연구소에서 궁극적 미스터리에 다가갔겠지. 그와 동시에 일종의 가능한 해명도 찾았을지 몰라. 그렇지만 플랑크는 결정적인 갈림길에 서서 문지방을 넘을까 말까를 망설였지."

"그런데 선생님께서 그 문지방을 넘어가셨지요?"

"그렇게 말할 수 있을까? 아무튼 난 넘어서려고 노력은 했다네. 우리 앞에는 밀고 들어가야 할 문들이 여러 개가 있었지. 내가 올바른 문을 제대로 선택했을 수도 있지. 여러 개의 올바른 문들 중 하나를 말이야. 어쨌든 사람들 말로는 그래. 아직까지도 그렇게 이야기되고 있는 것 같고."

"그 문을 열기 위해 선생님께서는 무슨 일을 하셨나요? 왜 그 문을 선택하셨나요? 뭔가 특별한 것이라도 있었나요?"

아인슈타인은 대답을 하기 전에 먼저 아가씨에게 수학 교육을 받았는지를 물어보았다.

"몇 가지 개념만 배웠을 뿐인데요." 아가씨가 대답했다.

"음, 우리가 어떤 수준에서 이야기를 해야 할지 알아보아야 하니까 이런 질문을 한 번 해보도록 하지. 자네도 이해해주겠지? 수준이라는 문제는 아주 근본적이거든. 달라이라마는 나를 두 번이나 만나러 오셨지. 그분은 수준 개념에 대해 아주 민감하게 반응하셨다네. 자네가 초심자다운 질문을 했는데 내가 학자적인 관점에서 답변을 한다면, 자네는 전혀 알아듣지 못할 거야. 그러면 자네에게 아무 도움도 안 될 테고, 나 역시 이미 알고 있는 것을 자네에게 말해준 것뿐이니 아무런 발전이 없겠지. 한편, 어떤 사람이 나에게 아주 현학적인 질문을 했는데 내가 어린아이를 상대하듯 단순하게 대답을 한다면 둘 다 시간낭비를 한 셈이 되겠지. 게다가 내 꼴이 얼마나 우스워 보이겠나. 아무 목적 없이 여행을 떠나는 사람은 없다네. 그러니까 우리는 먼저 토론의 수위를 적절하게 잡도록 노력해야 해."

"달라이라마는 어떻게 선생님을 만나러 오시게 된 거예요?"

"그건 나도 모르지. 그분께 여쭈어보지 않았으니까."

"달라이라마에게 누가 선생님이 계신 곳의 주소를 알려주었을까요?"

"그런 말씀은 안 하셔서 모르겠는걸."

"약속을 미리 잡고 오셨나요?"

"음, 헬렌에게 물어볼 걸 그랬군."

"달라이라마와의 만남은 흥미로웠나요?"

"암, 그렇고말고. 일단 우리는 토론의 수준을 찾았지. 그분을 상대하기란 간단한 일이 아니었네. 달라이라마께서는 어떤 분야에서는 대단히 박식한 반면 어떤 분야에서는 완전히 문외한이셨거든. 하지만 어떤 점에서는, 예를 들어 아까 다루었던 연속과 불연속 개념의 경우에는 이해가 매우 빠르시더라고. 역시 수천 년간 이어져 온 정신적 기민함을 계승하신 분다웠어."

그는 잠시 말을 멈추고 아가씨를 처음 보기라도 하는 양 빤히 쳐다보았다. 그리고 이렇게 물었다.

"그런데 아가씨는 이곳의 주소를 어떻게 알게 됐나?"

"하나하나 지워나갔지요."

"그 말인즉슨?"

"인터넷에서 선생님과 관련된 주소를 모두 찾았어요. 몇 군데는 전화를 해보고, 몇 군데는 직접 찾아갔지요. 그러다가 쫓겨난 적도 많아요. 이곳이 열한 번째 시도였는데 맞게 찾아왔네요."

"그렇다면 왜 나를 만나러 온 거지?"

"선생님에 대해서 글을 쓰려고 하거든요."

"기사?"

"선생님 좋을 대로 생각하세요."

"청탁을 받고 쓰는 글인가?"

"아뇨, 제가 써보고 싶어서요. 솔직히 말씀드리자면 전 정말로 선생님을 뵙고 싶었어요. 글쓰기는 일종의 구실일 뿐이에요. 전 세계 사람들이 선생님의 얼굴과 이름은 알고 있듯이, 저도 그 정도는 알고 있었어요. 그런데 어느 날 서점에서 점원이 저에게 책갈피를 하나 주더군요. 책장 사이에 끼울 수 있는 책갈피인데, 거기에 선생님 모습이 그려져 있더라고요. 전 그 책갈피를 잘 간직했지요. 저녁 시간 내내 책갈피를 요리조리 뒤집어보면서 선생님 눈을 쳐다보기도 했고요. 그때 저는 이런 의문을 품었지요. 이 사람은 어떤 사람일까? 내 책에 꽂힌 이 책갈피 속에서 이 사람은 무엇을 할까? 사람들 말마따나 정말로 이 사람이 나의 삶, 오늘날 인류의 삶을 송두리째 바꾸어놓았을까? 이 사람은 아직도 나에게 무엇인가 할 말이 있지는 않을까?"

바로 그때 헬렌이라는 이름의 비서—적어도 방문객 아가씨 생각으로는 비서가 분명한—가 노크도 없이 방으로 들어왔다. 그녀는 가장 큰 책상에 거대한 우편물 뭉치를 내려놓았다.

봉투들에는 제각기 다른 시대에 속하는 우표가 붙어 있었다. 최근에 나온 책들, 은종이에 곱게 싸인 초콜릿 상자, 신문, 화사한 꽃 그림이 그려진 봉투들, 세계 각국에서 발행되는 과학 학술지 등이 눈에 띄었다. 좀더 자세히 들여다보니 학술지들 중에는 헤브라이어(히브리어), 힌디어로 씌어진 것들도 있었다.

아가씨가 아인슈타인에게 물었다.

"항상 이렇게 편지를 받으세요?"

"항상 이렇지. 그래, 이 주소로도 받고, 다른 주소로도 받지."

"다른 주소도 있단 말이에요?"

"그래도 우편물이 나한테 오게 되어 있지. 나는 여기서 벗어날 수 없다네."

"답장도 쓰시나요?"

"사람들이 나에게 질문을 하면 전부 답변을 하려고 노력은 한다네. 아주 괴상망측한 질문까지도 말이야. 아가씨는 나한테 헛소리를 늘어놓는 몰지각한 사람들이 얼마나 많은지를 모를 테지. 나는 별의별 소리를 다 듣는다네. 내가 중대한 잘못을 범했다는 둥, 우주가 사실은 대천사들이 만든 거라는 둥, 빛의 먼지로 이루어진 거인이 핵분열을 일으켜서 우주가 만들어졌지만 언젠가는 그 거인이 다시 제 모습을 되찾을 거라는 둥, 그날이 인류에게는 대재앙의 날이 될 거라는 둥……."

"그런데도 답장을 쓰신단 말이에요? 전부 다요?"

"그렇지. 다만 몇 자라도 적어서 보낸다네."

"뭐라고 이야기를 해주시나요?"

"거의 대부분은 그들이 옳다고 해주지. 그리고 도움을 주어서

고맙다고 하지. 나의 생각을 어떤 관점에서 다시 한번 살펴보겠노라고 한다네. 물론 그 사람들 덕분이라는 말도 빼놓지 않지. 그렇게 두어 번 답장을 해주면 대체로 그 다음에는 편지가 안 온다네. 하지만 내가 뭔가 토론을 해보려고 하면 그들은 득달같이 편지 공세를 퍼붓지. 그러면 골치 아파지는 거야."

"보통 어떤 질문을 많이 하나요?"

"휘어진 시공간에서 신을 만났는지를 물어보는 사람들이 많더군. 그 질문이 제일 많았던 것 같으이. 사람들은 신께서 나에게 어느 나라 말을 써서 무슨 이야기를 했는지를 물어보았지. 그들이 나를 사탄으로 여기지 않는 한은 말이야. 그 문제가 사람들에게 흥밋거리인 것 같더군. 나를, 신과 한판 붙기 위해서 과학에 마수를 뻗기로 결심한 사탄처럼 생각하는 사람도 있으니까. 왜 신께서 나를 그냥 내버려두었는가? 왜 내가 아직 벼락을 맞지 않았는가? 뭐, 그런 문제들이 그들의 관심을 끄는 모양이야. 그 사람들을 제대로 상대하자면 정신이 하나도 없을 거야. 그들은 나를 파멸시키는 데 열성적이겠지. 신중을 기하면서 말이야. 그리고 태양이나 목성이나 그 밖의 다른 천체에 사는 사람들에 대해 알려달라는 편지도 많이 오지. 내가 그런 정보를 알고 있으리라고 의심하는가봐. 그렇지만 나는 국제정치적 기밀과 관련이 있다는 이유를 내세워 그런 내용은 절대로 밝힐 수 없다고 하지. 나는 여러 가지 음모에 연루되어 있거든. 자기가 보았던 환상이나 계시에 대해 말하는 사람들도 있다네.

그들은 연옥 이야기를 많이 하는데, 상당수가 연옥이 오리온 별자리에 있다고 주장하더라고. 그리고 연옥에 떨어진 사람들을 보았노라고, 그 중에는 유명한 사람들도 있노라고 주장하기도 하고 말이야. 미국의 한 구두 상인은 아주 짧은 편지를 보내오기도 했지. 그는 우리의 모든 문제에 대해 철학적 해결책 한 가지를 제안한다고 했네. 인류가 등장한 이래로 제기해온 모든 질문에 대해서 하나의 답을 줄 수 있다고 말이야. 그러면서 나한테 설명하는 데에는 15분밖에 안 걸리니까 시간을 좀 내달라고 하더군."

"그래서 받아들이셨어요?"

"아니, 그러지 않았네. 하지만 답장은 분명히 썼지. 그 이상은 나도 기억이 안 나는군. 가끔씩 기억이 안개에 싸인 듯 흐릿해지고, 내 삶이 걸어온 자취를 정확하게 떠올릴 수 없게 된다네. 미국에 있을 때는 한 사형수의 편지에 답장을 쓰기도 했지. 그 사형수는 물리학을 배우고 싶다면서 어떻게 공부를 해야 하냐고 묻더군. 그는 죽기 전까지 시간이 얼마 남지 않은 상태였지. 또 한 번은 어떤 어머니가 어찌나 부탁을 하든지, 아들이라는 젊은이를 만난 적도 있다네. 그는 자기가 그리스도라고 생각하면서 산 속으로 들어가서 세상으로 내려오려 하지 않는다고 하더군. 나는 그 젊은이와 함께 한두 시간쯤 숲 속을 거닐었지. 나는 그에게 예수님은 산에서 내려와 사람들에게 말씀을 전하셨다는 점을 일깨워주려고 했지."

"그 사람이 선생님 말씀을 듣던가요?"

　"아니, 전혀. 완전히 정신이 나간 사람이더군. 이미 누구의 말도 귀담아 듣지 않는 상태였지. 하지만 청년의 어머니는 왜인지는 모르지만 내게 한 가닥 기대를 걸었던 모양이야. 어쨌든 간에, 나는 일개 물리학자일 뿐이라네. 그런데 사람들은 나를 주술사나 예언자나 도사나 메시아로 여기고 말을 걸어온단 말이야."

　"어쩌다가 예언자 역할을 하시게 된 거군요."

　"바로 그거야. 그들은 대부분 나에 대해 극도로 비판적이지. 그들은 세상 어딘가 깊숙한 곳에 인간의 지식을 변질시키고 싶어하는 거대한 힘이 숨어 있다고 생각한다네. 악마적인 힘이 감추어져 있다가 누군가를 통해 작용하기 시작할 거라고 믿는 거야. 그들은 갈릴레이도 지옥에서 보낸 사자가 아닌지 의심하지. 갈릴레이 자신은 하느님을 독실하게 믿는 사람이었는데도 말이야. 그 이유는 사람들이 지구가 정말로 둥근지, 지구가 태양 주위를 도는지 확신을 가질 수 없기 때문이지. 그래서 사람들은 그의 주장이 정말 확실한지를 물어보는 편지를 보내곤 하지."

　"아니, 아직까지도 그런 편지를 보낸단 말이에요?"

　"그렇다니까. 갈릴레이가 죽은 지 4세기가 지난 후에도 그 모양이야! 그리고 내가 이 위대한 선조의 주장이 옳다고 답장을 쓰면 어떻게 나오는지 아나? 내가 오류의 왕국에서 파견한 스파이라도 되는 양, 이번에는 나를 의심하기 시작하는 거야. 아니면, 아까 말했듯이 나를 사탄 취급하지. 나도 알지. 너무 웃기고 믿기지도 않는 이야기라는걸. 하지만 우리가 사실은 그렇게 생겨먹었다네. 사유는 연약하고 완만하지. 사유에 최고의 권력이 주어진 게 아니야. 사유는 다른 이들과 공유되어야 함에도 불구하고 사실 그렇게 되기가 쉽지 않아. 두려움에 사로잡힌 수많은 정신들에게는 앎이 곧 속임수요, 길을 잃는 것이지. 인간에게는 마술적이고 동화적인 면이 아직 남아 있어. 그래서 끊임없이 피리를 불어대며 사람을 꼬드기면서 사실은 제 잇속만 차리는 마법사들을 필요로 하지. 인간은 지식보다 믿음을 더 좋아한다네. 확실성보다 헛소리를 더 좋아하는 거야."

"하지만 현재의 선생님 입장은 혼란을 가중시킬 수 있을 텐데요."

"무슨 말이지?"

"그러니까, 여기서 이렇게 선생님이 말하고 웃고 하는 모습을 사람들이 본다면, 선생님이 다른 세상에서 왔다고 생각할 것 아니에요."

아인슈타인은 또 웃음을 터뜨렸다. 하지만 아까처럼 오래 웃지는 않았다. 그는 잠시 팔을 올렸다가 떨어뜨리더니 다시 짐짓 심각해져서 이렇게 말했다.

"다른 세상은 없는걸. 어쨌든 자네도 그 점을 이해할 수 있을 텐데? 세계가 있을 뿐, 다른 세계는 없단 말일세."

"그러면요, 찾는 이가 그리 많지 않은 또 다른 차원에 숨어 계신다고 해두지요."

"좋아, 그렇게 볼 수 있지. 나도 그런 생각을 하면서 혼잣말을 하지."

"그럼 선생님도 어떻게 된 일인지 모르신단 말이에요?"

"내가 여기 있는 상황에 대해서? 암, 난 아무것도 모른다네. 왜 여기 있는지, 어떻게 있게 된 건지도 몰라. 난 그저 상황을 받아들였을 뿐이지. 다른 도리가 없잖은가. 그리고 여기서 어떻게 빠져나갈 수 있는지도 몰라. 게다가, 가면 또 어디로 간단 말인가? 뭐 하러 가겠어?"

아가씨는 잠시 침묵을 지켰다가(그녀는 또 다른 차원이라는 영역에 대해 일단 거론하지 않기도 마음먹었다. 나중에 다시 이 문제를 다룰 기회가 올 것이다) 이렇게 말문을 열었다. "제가 하려는 질문들은 아주 단순한 편이에요."

"단순하다는 말을 할 때는 항상 주의를 하게. 아가씨, 단순한 질문이란 결코 없다네. 심지어 가장 단순해 보이는 질문들이 가장 까다롭고 복잡할 때도 더러 있지."

알베르트 아인슈타인은 자기 책상 뒤에 가서 앉았다. 그가 밟고 걸어간 마룻바닥은 굉장히 오래되어 보였지만 아무 소리도 내지 않았다. 그러고는 어물어물 잔소리를 늘어놓았다.

"단순함을 경계하고 자기 자신을 보호해야 하지. 항상 그래야 하고말고. 특히 겉으로 보기에 단순한 것들은 더욱더 조심해야 해. 내가 진즉에 말하지 않았나. 뭐, 하지만……."

"하지만, 뭐요?"

"단순함은 정말 유혹적이지. 나도 그 점은 잘 안다네. 심지어 나에게 가장 큰 유혹이었다고, 내가 정말로 욕망하던 것이었다고 해도 좋을 정도야. 혼돈으로밖에 보이지 않는 것에 단순한 해석의 틀을 적용할 때는 정말이지……."

그는 말을 다 잇지 못했다. 무거운 눈이 잠시 허공을 바라보는 듯했다. 그가 말할 때마다 덥수룩한 하얀 수염이 이리저리 움직였다. 아가씨는 문득 이런 물음을 던졌다. 어째서 어떤 남자들은 콧구멍에서 인중을 따라 윗입술로 이어지는 부분을 가리는 걸까? 식사를 할 때 음식물이 묻을 수도 있고, 코를 풀기도 힘들 텐데, 왜 콧수염으로 그곳을 가릴까? 뭔가를 보호하기 위해서일까? 자기가 말하는 문장들에 덧씌우는 가면 같은 역할이라도 하나? 아니면 일종의 필터? 그것도 아니면, 그냥 장식인가? 패션의 일부 같은 효과? 남성성을 나타내는 상징? 그 예로, 알베르트 아인슈타인의 콧수염은 어떠한가? 저 수염이 연구에 도움이 되나? 이따금 수염을 만지작거리거나 쓰다듬어주면 새로운 영감이나 아이디어가 솟아나고, 방정식이 퍼뜩 생각나는 걸까?

그녀는 이런 물음을 던지기는 했지만 그녀의 목소리는 공기를 타고 전달되지 않았다. 사실을 말하자면, 일반적인 남성의 수염, 그중에서도 아인슈타인의 수염에 대한 그녀의 상념은 아무에게도 전해지지 않았다. 그냥 쓸데없는 한마디였을 뿐, 일종의 마이크 테스

트처럼 목소리를 내본 것일 뿐. 그래도 아무 반응이 없으니 기분이
아주 묘했다. 그녀는 정말 아무 말도 입 밖에 내지 않은 기분이었다.

　아인슈타인은 이제 두 손을 모으고 책상에 앉은 채 그녀에게
다시 미소를 보내고 있었다. 그녀의 말을 전혀 듣지 못한 듯, 그래
서 당연히 대꾸할 것도 없다는 듯 아무렇지도 않은 모습으로.

　순간순간, 이렇게 열쇠들이 자물쇠들과 맞지 않는 느낌이 계속
이어졌다. 아인슈타인은 그저 이렇게 말했을 뿐이다.

　"좋아, 질문을 해보게."

◆◆◆

인간의 곁으로 다가온 우주

아가씨는 가방을 열더니 녹음기를 꺼내고는 이렇게 물었다.

"녹음해도 될까요?"

"난 자네가 벌써 녹음을 하고 있을 거라고 생각했는데."

"절대 아니에요. 양해도 구하지 않고 그럴 수야 있나요."

"나를 염탐하는 사람들이 하도 많다 보니까. 아가씨는 모를 테지. 툭하면 내 이름을 들먹이고 허구한 날 감시를 하지. 나는 여러 나라에서 살았는데, 어디에서나 마찬가지였다네. 어떤 때는 아침에 일어나 보니 내 책들과 서류들로 연구실이 아수라장이 되어 있더군. 내 머릿속을 뒤지러 온 사람이었겠지. 하지만 그런 생각도 들더군. 이 와중에 뭘 건져갈 수 있는 사람이 있을까? 그냥 바람이나 이웃집 고양이의 소행이 아닐까?"

"그렇게 밤중에 누군가 와서 선생님 물건을 뒤지는 일이 계속되고 있나요?"

"아니, 여기서는 괜찮아. 그런 일은 없는 것 같더군. 적어도 그 점에서만큼은 안전하지."

"어쨌든 제가 녹음을 해도 되는 거지요?"

"원하는 대로 하게. 하지만 조심하라고. 기껏 나와의 대화를 녹음했는데 테이프에 아무것도 안 남는 일이 종종 있거든."

"왜요?"

"나도 모르겠네. 우리를 둘러싸고 있는 전자기장 덕분에 과학이라는 것도 존재하지. 그리고 그 덕분에 전자기장 안에서 우리 의사를 표현할 수도 있고 말이야. 전자기장의 가장 멋진 결과물이 바로 내가 그토록 각별히 여기는 빛이지. 그런데 전자기장이란 녀석은 예기치 않게 우리를 골탕 먹이기도 한단 말이야. 무엇보다도, 내가 모든 것을 설명할 수 있다고는 생각지 말게. 어쨌든 내가 자네 입장이라면 녹음만 할 것이 아니라 기록도 하겠네."

"그러지요."

여학생은 주저하는 기색도 없이 아인슈타인과 같은 책상 앞에 앉아서 메모지 묶음과 옛날식 깃털 펜을 집어들었다. 그녀는 잉크를 털어내려고 펜을 몇 번 흔들었다. 그녀가 책상 앞으로 걸어갈 때에는 마룻바닥이 가볍게 소리를 냈다. 그녀는 손으로 파이프 받침 대를 밀어내고 대신 의자를 당겨서 거기에 앉았다. 의자에 앉는 순간, 벽에 걸린 판화 액자가 그녀의 눈에 띄었다. 아가씨는 그 판화를 다시 쳐다보더니, 아예 가까이 다가가서 살펴보기 시작했다(흑백 판화는 오래 전에 살았던 한 남자의 초상화였다).

"이 사람, 뉴턴인가요?" 그녀가 물었다.

"그래, 아이작 뉴턴이지. 제대로 알아봤구먼. 대단한걸."

"어려운 일도 아니지요. 여기 얼굴 밑에 이름이 씌어져 있는걸요. 그리고 저는 선생님께서 일하시던 공간을 찍은 사진들을 꽤 많이 봤어요. 그 사진들 속에 이 초상화가 걸려 있는 걸 자주 봤지요."

"그래, 맞아. 나는 어디를 가든 그 초상화를 가지고 다녔지."

그녀는 좀더 가까이서 초상화를 들여다보고는 아까 자기가 들어왔던 문을 손으로 가리키며 물었다.

"제가 아까 대기실에서 보았던 손님들 중에 이 분도 있지 않았나요?"

"아니, 이 사람이 또 왔어?" 아인슈타인이 소스라치게 놀라서 되레 그녀에게 물었다. 그는 불현듯 가벼운 공포에 사로잡힌 듯 보였다.

"그런 것 같은데요."

아인슈타인은 이 말을 듣고 두려움을 넘어서서 매우 불편해하는 기색이었다. 거의 짜증을 낸다고 해도 좋을 정도였다. 그는 목소리를 낮추어 이렇게 말했다.

"내가 여기 있게 된 후부터 이 사람이 벌써 몇 번이나 찾아왔는지 모른다네. 끈질긴 양반이야. 내가 살아 있을 때는 만나지 못하다가 이제 만날 수 있게 되니 너무 자주 찾아오는군. 하지만 그 사람을 구슬려 돌려보내기란 정말 힘들다고."

"뉴턴이 무엇 때문에 그렇게 찾아오는데요?"

"나랑 토론하려고 오지. 어찌나 나를 설득하려고 하는지!"

"선생님이 오류를 범했다고 설득하려는 거예요?"

"아마도. 하지만 난 그분을 대하기가 여간 껄끄러운 게 아니야. 일단, 그분의 성격이 여간하지 않아. 한편으로는 정말 위대한 정신의 소유자이지. 그 점은 분명해. 가장 위대한 인간들 중 한 사람으로 꼽힐 만한 분이고말고. 직관적이고 방법론적이지. 거인이라고나 할까. 뉴턴은 정말로 위대한 법칙들을 수립했다네. 그는 중력법칙을 설명하고 입증했지. 그의 수학적 계산은 참으로 놀라워. 오늘날의 시각으로 보더라도 말이야."

"그렇지만?"

"음, 어떻게 말해야 할까? 모든 원인에는 결과가 있고, 모든 결과는 역시 원인으로 소급되지. 모든 것이 그렇게 작용했던 거야. 뉴턴은 스스로 세계를 해명했다고 생각했지. 아주 세부적인 것들을 가지고 그렇게 생각했던 거야. 그는 스스로 이렇게 생각했지. '자, 세상은 내가 말한 대로다. 나는 어떤 가설도 세우지 않는다. 나의 주장을 증명해 보일 뿐이다. 나는 하느님의 은밀한 생각들까지도 이해했노라.' 라고 말이야."

"그런데 그가 틀렸나요?"

"아니야. 그가 틀렸다고 말할 수는 없지. 그의 체계는 유효했어. 뉴턴의 관점에서 보자면 그가 오류를 범한 건 아니거든. 하지만 그는 세계를 어느 한 구석에서, 그러니까 특정 각도에서만 바라보았지. 하지만 그가 살던 시대에는 달리 어찌할 수가 없었을 거야. 차원들이란 그에게 없는 개념이었지. 예를 들어, 천체들을 갈라놓는 차원, 물질의 미세한 입자, 원자나 미립자 개념 등을 그는 몰랐지. 계산 도구나 요소들은 또 어떻고. 그는 다른 시대 사람인데, 무엇을 더 바라겠어. 사유는 시대와 더불어, 또한 그 시대가 낳은 사물들과 더불어 나아가는 법이거늘."

"무슨 말씀을 하고 싶으신 거예요?"

"과학의 새로운 개념들, 적어도 뉴턴이 알아야만 하는 새로운 개념들이 있는데 말이야. 그런데 그 중 어떤 것들은 내가 아무리 설명을 해도 알아듣지 못하더군. 어떻게 설명을 해야 좋을지 모르겠어. 그러니 내 시간만 까먹는 셈이야. 일례로, 그는 엘리베이터도, 비행기도 알지 못하지."

"엘리베이터는 왜요?"

"자, 이걸 좀 보게."

그는 자리에서 일어나 세 개의 문들 중 하나를 열러 갔다. 아가씨도 메모지 묶음과 펜을 내려놓고 자리에서 일어나 아인슈타인을 따라갔다. 그녀는 두 발짝쯤 떼었다가 다시 책상으로 달려와 녹음기를 챙겨서 어깨에 둘러맸다.

아가씨는 대기실에 그 유명한 영국의 물리학자가 와 있다는 사실도 별 혼란 없이 받아들였다. 그녀는 질문거리가 많았지만—당연히 그렇지 않겠는가?—나중에 묻기로 했다. 오늘 밤 자신이 와 있는 곳은 어디일까? 나에게 도대체 무슨 일이 일어난 거지? 나는 분명히 깨어 있고 전혀 꿈같지 않은데, 어떻게 된 거지? 내가 아직도 살아 있기는 한 건가? 이 이상한 방은 사실상 어떤 통로나 입구에 지니지 않고, 또 다른 미지의 나라로 통하는 걸까?

갑자기 그녀의 머릿속에 옛날이야기나 영화가 생각났다. 그런 이야기나 영화에서는 경솔한 여행자가 별 생각 없이 이승과 저승을 가로지르는 강을 건너간다. 그들은 강 건너편에 가서도 여전히 살아 있는 사람들과 똑같이 행동하고 말하지만 진짜 산 자들은 그들의 존재를 전혀 감지하지 못한 채 살아간다. 여행자는 그 모습을 보고 놀라고 때로는 약이 올라 어쩔 줄을 몰라한다. 하지만 도리가 없다. 그는 조만간에 인정해야 하는 것이다. 자신이 함정에 빠졌음을, 돌아가는 길은 영원히 막혀버렸음을.

그녀에게도 그런 일이 일어나는 것인가?

그녀는 가끔 한 손을 왼쪽 가슴에 얹어보았다. 심장이 여전히 뛰는 것을 확인하자 마음이 놓였다. 그녀는 숨도 쉬고, 말도 하고,

걷기도 한다. 그녀가 밟자 마룻바닥이 삐걱거렸다. 그녀는 분명히 이승에 있고, 여전히 살아 있다. 물론 그녀에게 주어진 시간이 얼마나 되는지를 알 수 없다는 것은 가장 큰 문제였다. 아니, 그녀가 여전히 평소처럼 '시간'에 속해 있는지 어떤지조차 알 수 없었다. 손목시계는 여전히 멎어 있었다. 이런 때에 만약 다섯 번째 문이 갑자기 열리고 냉정해 보이는 헬렌이라는 여자가 들어와서 내 말은 듣지도 않고, 이제 막 시작된 만남을 벌써 끝내야 한다고 하면 어떻게 하나? 그러면 순순히 떠나야 할까? 시간이 얼마나 남았을까? 몇 시쯤 됐을까? 누가 시간을 허락하는 걸까? 여전히 하고 싶은 질문은 많았지만 지금은 때가 아니었다.

우리의 시선은 열린 문을 통해 엘리베이터가 지나가는 통로로 나간다. 바로 앞에 엘리베이터 한 대가 멈춰 있다. 아인슈타인이 팔을 내밀며 아가씨에게 물었다.

"이 엘리베이터를 본 적이 있나?"

"예, 그런데 여기가 몇 층인 거죠?" 아가씨는 위아래를 번갈아 보고 좌우를 둘러보며 물었다. "지금까지 제가 이 건물에서 이렇게 높은 곳에 있는 줄은 몰랐는데요."

"몇 층이냐 따위는 신경 쓰지 말게. 차원이니 뭐니 하는 것들도 다 접어두자고. 우리는 우리가 원하는 곳, 혹은 우리가 있다고 생각하는 바로 그곳에 있다네. 뭐, 어쨌든 아가씨도 이제 이해하기 시작했을 거야."

"네, 하지만⋯⋯."

그녀는 자기가 도대체 뭘 이해하기 시작했다는 건지 물어보려고 했을 것이다. 하지만 그냥 입을 다무는 편이 나을 듯싶었다.

그녀는 통로 아래를 내려다보았다. 높다란 마천루에라도 올라와 있는 듯 바닥이 까마득했다. 사실, 우리가 내려다보아도 바닥은 볼 수 없다. 바닥이 어둠에 묻혀 보이지 않기 때문이다.

알베르트 아인슈타인이 입을 열었다. "자, 상상해보자고. 우리 두 사람이 이 엘리베이터 안에 있는데 갑자기 케이블이 끊어져버렸다고 생각해봐."

"우리는 떨어지겠지요."

"그래, 떨어지겠지. 엘리베이터도, 그 안에 탄 우리도 떨어질 거야. 아냐, 아냐, 겁낼 필요는 없네. 아가씨를 엘리베이터 안으로 끌고 들어가진 않을 테니까. 이건 그냥 생각으로만 하는 실험이라고. 이론적으로 존재할 뿐 소리도 안 나고 진동도 없고 아무런 외적 지표도 없는 엘리베이터인 거야. 거기에 우리가 타고 있다고 상상해보게. 준비됐나?"

그녀는 정신을 집중했다. 아인슈타인은 다시 한번 그녀에게 마치 꿈을 꾸듯이, 가상의 완벽한 엘리베이터를 상상해보라고 말했다. 아가씨는 눈을 반쯤 감고 침착하게 숨을 들이쉬었다. 그러자 그녀는 어느새 상상 속에서 아주 안정감 있고 조용한 엘리베이터에 들어와 있었다. 이 엘리베이터가 지금 움직이고 있는 걸까? 그녀로서는 알 수 없었다.

아인슈타인이 그녀에게 물었다. "됐나?"

"그럭저럭 된 것 같아요."

"우리가 떨어지고 있다는 걸 어떻게 알 수 있지?"

"바닥에 닿을 테니까요."

"그럼, 바닥이 존재하지 않는다고 상상하게나. 엘리베이터는 멈추지 않고 계속 떨어지는 거야, 알았나?"

그녀는 다시 눈을 감았다. 그리고 현기증 나는 끝없는 추락을 상상했다. 바닥이 보이지 않는 심연으로 한없이 내려가는 완전한 추락을. 상상으로 하는 실험은 그녀가 차마 감당하지 못할 만한 일은 아닌 듯싶었다. 아인슈타인이 그녀를 도와주려는 듯 다시 입을 열었다.

"우리가 떨어지고 있다는 걸 어떻게 알지? 우리가 아래를 향해 이끌리고 있다는 걸 어떻게 알아? 우리는 무중력 상태에 있을 거야. 지구의 중력에서 벗어나는 셈이지. 반면, 바닥에 제대로 놓인 불투명한 상자 속에 갇혀 있을 때에는 우리가 발을 지구 표면에 디디고 있는지, 빈 공간에 두고 있는지를 알 수 있을 테지. 그때에는 위를 향해 가속도가 작용하니까."

아가씨가 갑자기 눈을 번쩍 뜨고 이렇게 물었다.

"지금 중력은 상대적이라는 말씀을 하시려는 거지요?"

"그래, 맞았어. 벌써 알아차렸구면. 충돌 없는 운동은 지각되지 않는다. 바로 여기에서 모든 것이 출발하지. 우리는 느끼지 못하지만 우리가 사는 지구는 자전을 하거나 태양 주위를 공전하고, 태양계 자체도 위치가 바뀌며, 우리가 속한 은하계도 자리를 바꾸고 있단 말이야. 아마도 우주 전체가 그렇게 움직이고 있겠지.”

“결국 그렇게 결론을 내리셨나요?”

“우주가 팽창하고 있다는 주장 말인가? 아무렴, 그렇고말고. 나도 처음에는 우주가 정지 상태라고 믿었네. 그것이 세간에 널리 퍼진 전통적 견해와 일치하는 믿음이었지. 그러니까 나는 수많은 은하들이 어떤 고정된 우주 내에서 움직이고 있다고 생각했던 거지. 하지만 차츰 대부분의 천문학자들이 우주팽창설을 지지하게 되었네. 나는 명백한 사실을 인정했을 뿐이야. 나는 아닌 걸 붙잡고 고집피우는 사람이 아니거든.”

“그러니까 ‘모든 것이 움직인다, 하지만 우리는 느끼지 못한다’, 이런 얘기군요?”

“느낄 수 없고말고. 우리는 시냇가 풀밭에 누워서 계곡 사이로 흐르는 물소리를 들을 수 있지. 바람이 산들산들 나뭇가지를 흔들고 저 멀리 구름이 흘러가는 모습도 볼 수 있지. 하지만 그게 다야. 그 밖의 다른 움직임은 못 느끼는 거야. 그러니까 지구에 사는 우리는 모든 것이 움직이지 않고 고정되어 있다고 믿게 되는 게지.”

“이미 증명된 사실인가요?”

“우리가 아무것도 느끼지 못한다는 것 말인가?”

"아뇨, 우리가 움직이고 있다는 것 말이에요."

"그거야 벌써 오래 전에 증명되었지. 나를 믿어도 좋다네. 아가씨는 비행기를 타본 적이 있겠지?"

"아, 그럼요."

"이리 오게."

아인슈타인은 다시 자기 방으로 돌아가서 엘리베이터 통로로 향하는 문을 닫았다. 그는 가구 위에 놓여 있던 비행기를 집어 들었다. 몸체가 드러난 모형 비행기였다. 아가씨는 그때까지 그런 물건이 있는 줄도 모르고 있었다. 아인슈타인은 모형 비행기를 들고 어린아이가 장난이라도 하듯 날리는 시늉을 했다.

"비행기 안에서는, 그러니까 거대한 수송용 비행기를 타고 있을 때는 모든 것이 정지한 듯 느껴지지. 비행기가 기류에 흔들리지 않고, 아니 약간의 진동도 없이 그저 공기를 가르며 앞으로 나아가기만 한다면 그 안에 타고 있는 승객은 비행기가 이동 중이라는 걸 전혀 느낄 수 없단 말일세. 주변의 모든 사물이 우리와 함께 움직이기 때문에 우리는 꼼짝 않고 있는 듯 느끼는 거지. 지금 이 순간, 지구에서도 같은 일이 벌어지고 있는 거야."

"역에 기차가 여러 대 세워져 있는데 그 중 어느 한 대가 소리없이 민첩하게 움직이기 시작하면 내가 타고 있는 기차가 움직이는 건지, 내가 바라보고 있는 기차가 움직이는 건지, 언뜻 구분이 안 갈 때가 있지요."

"바로 그거야."

"요전에 선생님을 만나러 오려고 차를 타고 공항에 갔었어요. 친구와 같이 차를 타고 고속도로를 달렸지요. 그런데 우리 차가 공항으로 향하는 순간, 비행기 한 대가 같은 방향으로 공항에 들어오더라고요. 저는 비행기를 계속 쳐다보았는데, 꼭 비행기가 꼼짝도 안 하고 하늘에 떠 있기만 한 것 같은 기분이 들더군요."

"그건 바로 아가씨도 비행기와 함께 움직이고 있었기 때문이지. 그것도 같은 방향으로 말이야."

"그런데 뉴턴이 이런 사실을 이해 못한다고요?"

"아니, 그럴 리가 있나. 그 정도야 갈릴레이도 이미 알고 있던 사실인걸. '운동은 아무것도 아닌 것과 같다.'고 말한 사람이 바로 갈릴레이라네. 여기에 없어서는 안 될, 그렇지만 아주 기본적인 추론들이 깔려 있다네. 이 추론들은 어떤 식으로든 오래 전부터 알려져 있었지. 비행기도 없고, 엘리베이터도 없던 시절부터 말이야. 우리는 어떤 것에 대해서 움직일 수밖에 없지. 심지어 기차도 없던 시절에, 흔들리지 않는 배달마차 따위는 상상도 할 수 없던 시절에도 일부 명민한 지성의 소유자들은 아무 장애도 받지 않는 이상적인 운동을 상상했지. 가장 어려웠던 점, 그리고 지금도 가장 어려운 점은 스케일을 바꾸는 거야. 무슨 말이냐 하면, 일상에서 증명된 것들을 우주 전체에 적용하기가 어렵다는 것이지. 우리는 작은 것을 보고, 작은 것만 생각하지. 우리는 아주 작은 스케일로만, 그것도 직선적으로 사고한단 말이야. 우리의 사유는 낡은 기하학의 산물이야. 인류는 2천여 년 동안 고대 그리스인의 눈으로 세상을 보았지. 그러니 거기서 벗어나기란 정말 힘든 일이지. 자, 자, 이리 오게. 내가 다른 걸 보여줄 테니."

그는 약간 흥분에 들떠서 방을 가로질렀다. 아가씨는 녹음기를 꼭 붙들고 그의 뒤를 따랐다. 이따금 몇 자라도 기록을 하려 했으나 쉽지 않았다. 아인슈타인이 말했다.

"과학을 공부하는 사람에게 첫 번째 의무는 '보이는 것을 잊어라' 이지. 아니, '보인다고 믿는 것을 잊어라' 라고 하는 게 더 낫겠군."

"태양이 지구 주위를 도는 것처럼 보이는 현상도 그런 거겠지요?"

"그것도 하나의 예이지. 우리는 지금도 '해가 뜬다' 라든가 '해가 진다' 라고 말을 하지. 하지만 사실은 그렇지 않다는 걸 누구나 알고 있어. 벌써 오래 전부터 알고 있지. 모든 전통을 살펴보면 우리가 세계를 있는 그대로 바라보지 않는다는 점을 알게 될 걸세. 우리의 시선은 습관으로부터 자유로워져야 해. 하지만 감각이라는 함정에 빠져 살아가고, 따라서 언어에도 그 영향이 나타나는 게지. 이런 표현은 우리가 쓰는 말에 단단히 뿌리 내리고 있어. 그런 표현을 쓰지 않고 살아갈 수는 없지만, 그래도 영원히 스스로를 기만하는 셈이지. 자, 자, 이걸 좀 보게."

그는 조용히 몇 발짝을 떼더니 또 다른 문을 열었다. 어느새 두

사람은 야외에 나와 있었다. 햇살이 화창하게 빛났다. 바로 앞에 있
는 연못에는 아주 멋들어진 모형 요트가 떠 있었다. 튈르리 정원(카
트린 드 메디시스에 의해 조영된 파리의 공원으로, 신화나 역사와 관련된
화단이나 조각들이 여러 곳에 설치되어 있다.—옮긴이)이나 그 밖의 어
느 공원에라도 나온 것 같았다. 공원에서 뛰어노는 아이들이 없을
뿐이었다.

아가씨는 더 이상 놀라지 않기로 한 모양이었다. 적어도 지금
이 순간은 그랬다. 그녀는 그레뱅 박물관(프랑스의 유명한 밀랍인형
박물관—옮긴이)이나 신기한 장소를 구경하러 온 사람 같았다. 친절
한 백발의 멜리에스(프랑스의 직업마술사이자 「달세계여행」 등을 만든
초창기 영화실험가—옮긴이)가 그녀를 안내해주었다. 그 멜리에스조
차도 유령이나 최신형 홀로그램은 아닌지를 물어볼 수도 있었으리
라. 하지만 다시 한번 그녀는 여유를 찾고 적절한 거리를 유지하기
로, 그런 질문 따위는 던지지 않기로 마음먹었다. 그러니까 그녀를
뒤쫓는 우리도 그렇게 하기로 하자.

"이 배를 보게. 자네가 이 배에 타고 있다고 상상해봐. 배는 힘
차게 나아가고 있지. 그런데 자네가 돛대 위에 올라가서 테니스공
을 돛대를 따라 수직으로 떨어뜨린다면 어떻게 될까? 무슨 말인지
알겠지?"

"알겠어요."

"자, 그럼 그 공은 어디로 떨어질까?"

"돛대 밑으로 떨어지겠지요." 그녀는 거의 본능적으로 재빨리 대꾸했다.

"정말로 그렇다고 확신하나? 공이 떨어지는 동안은 공기 중에 머물겠지. 그동안에도 배는 앞으로 나아가고 있잖은가? 그 점도 생각해보았나?"

아가씨는 잠시 다시 한번 생각해보고 이렇게 말했다.

"예, 그래도 공은 돛대 밑으로 떨어질 거예요."

"잘했네, 맞았어. 자네 말이 옳으이. 그래, 옳고말고. 이 물음이 일종의 테스트라는 것 아나? 그래, 정말이라네. 오늘날에도 이 물음은 사람들을 두 부류로 구분하는 테스트가 된다네. 그러니까 내가 장담하건대, 자네는 현대적인 정신의 소유자인 셈이야. 우리로서는 당연한 일이지만."

"모두들 저처럼 대답을 하나요?"

"아니! 아니야! 사람들은 곰곰이 생각을 해보고, 계산도 하고, 이랬다저랬다 하지. 잘못된 대답을 내놓는 사람들도 꽤 많다네."

"그런데 왜 공은 돛대 밑으로 떨어지나요?"

"이 맥락에서 배와 공은 하나이기 때문이지. 배와 공은 동일한 체계에 속해 있다네. 둘을 서로 떼어놓고 생각할 수가 없지. 비행기의 경우도 마찬가지야. 동전을 수직으로 던지면 그 동전은 다시 자네 손바닥으로 떨어지겠지. 아무리 높이 던진다 해도 수직으로 던졌다면 결과는 마찬가지일 거야. 동전을 위로 던지는 동안 비행기는 앞으로 움직이지. 심지어 엄청난 속도로 움직일 수도 있어. 하지만 동전도 비행기와 같은 속도로 움직이고 있기 때문에 그 둘은 하나일 뿐이고 같은 공기를 공유하는 거야."

"정말 그렇군요."

"그래, 아가씨 말대로 정말 그렇다마다. 동전과 비행기라는 두 가지 사물은 공기 중에 서로 분리되어 있는 듯 보이지. 하지만 그 둘은 하나야. 우리는 여기서 한 걸음 더 나아갈 수도 있다네. 자, 이제 자네가 저 배에 타고 있다고 생각하게. 저기를 봐봐." 그는 연못에 떠 있는 장난감 요트를 가리켰다.

"갑판에 있다고 상상을 하면서, 공이 떨어지는 모양을 눈으로 잘 보게. 공은 직선을 그리면서 떨어질 거야."

그녀는 바람을 타고 수면을 가르며 나아가는 배를 쳐다보았다. 그녀는 돛대 아래에 앉아 있었다. 그리고 공이 낙하하는 모습을 마음으로 그려보았다.

"예, 직선으로 떨어지겠지요. 물론이에요."

"그러면 이제 자네가 여기 연못가에 있다고 생각해보게. 그리고 그 위치에서 잘 보도록 해."

"예."

"배는 앞으로 나아가고, 자네는 그냥 연못가에 가만히 있는 거야."

"저는 가만히 있어요."

수직으로 떨어지네요!
배와 공은 동일한 체계에 속해 있다네.
쌩ㅡ
EINSTEIN
EINSTEI

“연못가에서 볼 때에도 테니스공이 직선을 그리면서 떨어지는 걸로 보이나?”

여학생은 잠시 생각에 잠겼고, 아인슈타인은 그녀를 재미있다는 듯 바라보았다. 그녀는 바람을 타고 우아하게 미끄러지는 요트를 눈으로 쫓았다. 이번에는 대답하기가 쉽지 않았다. 그녀도 그런 느낌 때문에 대답을 망설였다. 아인슈타인은 그녀를 도와주려고 팔을 붙잡고 다시 자기 방으로 데려갔다.

“자, 이 모든 내용을 칠판에 정리해서 보여주겠네. 이 검은 칠판은 매사를 분명히 밝히기 위해 만들어진 물건이지.”

그는 여학생을 칠판 앞으로 이끌었다. 어느새 칠판에는 하나의 배가 그려져 있고—좀 전까지는 아무것도 씌어져 있지 않았는데 말이다. 분명히 그랬다—공의 움직임이 두 개의 점선으로 표시되어 있었다. 하나는 땅에서 볼 때의 동선이고, 다른 하나는 배에서 볼 때의 동선이었다. 두 개의 동선은 분명히 달랐다.

“이걸 보게. 배에서 볼 때에는 공이 직선을 그리며 떨어지지. 여기에는 의심의 여지가 없어. 모두들 동의를 할 걸세. 그런데 땅에서 볼 때에는 배가 앞으로 나아간다는 조건 하에서 공은 분명히 곡선을 그리며 떨어진단 말이야. 그러니까 배에서의 관찰과 땅에서의 관찰은 서로 다른 결론에 이르게 되지.”

“어떤 게 옳은 결론이에요?”

“당연히 둘 다 옳지!”

"그러니까 전부 보는 관점에 달려 있다, 이거군요?"

"분명히 그렇지. 이건 관찰자의 위치에 달린 문제라네. 공은 직선을 그리면서 떨어지지. '그리고' 곡선을 그리면서 떨어지기도 하지. 두 개의 동선 중 어느 하나만 선택할 수는 없는 노릇이야. 기차역에서도 똑같은 경험을 할 수 있지. 어떤 승객은 기차에 타고 있고 어떤 승객은 플랫폼에 서 있다고 치세. 그 두 사람 눈에 비친 광경이 서로 다를지언정 둘 중 어느 한 사람이 잘못 봤다고 할 수는 없지 않나? 이보게, 아가씨는 농구를 좋아하나?"

그녀는 무어라 대답을 해야 할지 몰랐다. 그는 그녀를 데리고 가서 또 다른 문을 열었다. 그와 동시에 갑자기 사람들의 함성소리가 울려 퍼졌다. 거대한 공간이 눈앞에 나타났다. 온갖 색깔의 옷을 입은 관객들이 함성을 지르며 농구 경기를 구경하고 있었다. 장신의 농구선수들은 대개 흑인이었다. 모두들 어찌나 덩치가 좋은지 인간이 아닌, 다른 종족에서 뽑아온 선수들 같았다. 그들은 커다란 가죽 공을 사이에 둔 채 뛰어다니고 점프하고 분주하게 움직였다. 아인슈타인이 말했다.

"저기 저 선수를 봐. 내가 장담하건대 이제 저 선수가 이른바 '코스트 투 코스트coast to coast'라는 걸 할 거야. 무슨 말이냐 하면, 자기 혼자 드리블을 해서 엔드라인에서 반대편 코트까지, 그러니까 경기장 전체를 가로지르는 거지. 농구 규칙에 따라서, 선수는 공을 잡고 움직여서는 안 되고 계속 드리블을 해서만 움직일 수 있지.

자, 잘 보라고. 아가씨가 저 선수 입장이라고 생각해보게. 저 선수에게는 공이 한 번씩 튕길 때마다 바닥과 자기 손 사이를 직선으로 오가는 것처럼 보일 걸세."

"분명히 그렇겠지요."

"하지만 여기 관객석에서 보면 어떠한가? 우리는 저 선수가 코트를 가로지르는 모습을 보고 있지. 그리고 공도 선수와 함께 코트를 가로지르는 것으로 보이지. 우리가 보기에는 여러 각도로 이어지는 파선破線으로 보인단 말일세. 우리 눈에는 저 농구공의 동선이 절대로 직선으로 보이지 않지."

"그래도 우리나 저 선수나 다같이 옳게 보고 있단 말이지요?"

"요트의 경우와 마찬가지지. 자명종 시계가 재깍재깍 소리를 내는 걸 상상해보게. 자네는 시계를 옆에 두었어. 시계 바늘은 심장이 뛰듯이 규칙적으로 재깍재깍 움직이겠지. 그런데 이번에는 그 자명종 시계가 엄청나게 빠른 우주로켓 안에 있다고 생각해봐. 로켓에는 다른 우주비행사가 타고 있고 말이야. 로켓을 타고 로켓과 같은 속도로 움직이는 우주비행사에게는 자명종 시계가 여전히 규칙적으로 돌아가는 듯 느껴질 거야. 하지만 자네에게는, 자네가 우주에 있는 자명종 시계 소리도 들을 수 있다고 가정한다면, 그 소리가 전과 같지 않을 걸세. 자네에게 시계 소리는 그 비행사보다 한층 느려진 듯 들리겠지. 외부에서 바라보는 우리에게 농구공이 파선을 그리는 것처럼, 즉 더 긴 동선을 그리는 것처럼 보이는 것과 똑같은 원리라네."

"그런 식으로 시간이 확장되는군요?"

"그렇지, 그게 바로 시간의 상대적 지연이라네. 언어라는 게 참 초라하다고 인정할 수밖에 없군. 적어도 이 경우에는 말이야. 뭐, 그래도 세상은 경이롭다네."

그들은 잠시 매디슨스퀘어가든(뉴욕에 위치한 프로농구 경기장—옮긴이)에 머물러 있었다. 두 사람의 눈은 농구경기 자체보다 농구공을 쫓았다. 갑자기 귓전에서 나팔소리가 쩌렁쩌렁 울렸다. 한쪽 팀이 수세에 몰리면서 타임아웃을 요구했던 것이다. 장화를 신고 붉은 입술과 하얀 치아와 각선미를 드러낸 치어걸들이 경기장으로 들어왔다. 각 팀을 응원하기 위해 등장한 것이었다. 그 여자들은 모두 허벅지를 드러내 보이면서 승리를 다짐하는 노래를 불렀다.

아인슈타인은 여학생에게 이제 돌아가자고 했다. 그녀는 하얀 수건으로 얼굴의 땀을 훔치는 거대한 체구의 흑인 선수들에게 마지막으로 눈길을 보내면서 그러자고 했다.

■ ■ ■

문이 다시 닫히자 뉴욕 농구경기장의 소음이 금세 사라졌다. 아인슈타인은 언제 다른 곳에 다녀왔냐는 듯 아무렇지 않게 다시 이야기를 이끌어나갔다.

"어떤 경우에는 한 사물의 차원들이 동일하지가 않다네. 열차에 탄 차장의 차원들에서 어떤 승객의 차원들까지 말이야. 전부 다 우리 시선이 그때그때 취하는 위치와 속도에 따라서 달라질 수 있지. 아가씨도 알다시피, 우리 과학자들은 엄밀함의 사도들이기에 이렇게 겉으로 보기에는 모순적인 현상을 받아들일 수밖에 없다네. 그러니 과학자가 정확하고 논박의 여지가 없는 결론에 이르기란 얼마나 힘들겠는가. 빛 이야기로 잠시 돌아가겠네. 옛날 사람들은 빛이, 마찰이 없으면서도 경직된 어떤 물질을 통해 전달되는 파장이라고 생각했지. 희한하고 역설적인 그 물질을 에테르라고 불렀다네. 사람들은 우리가 사는 세상이 에테르로 둘러싸여 있다고 믿었어. 나름대로 타당해 보이는 이유를 내세워 그렇게 믿었지. 나는 에테르 가설을 폐기했다네. 그 후에 우리는 빛이 미세한 입자들로 이루어져 있음을 밝혀냈지. 그 입자들은 오래지 않아 '광자光子'라는 이름을 얻게 되었다네. 우리는 증명도 해 보였지. 이렇게 해서 빛은 입자라고 주장하고 다니던, 나를 포함한 새로운 과학자 무리들이 인정을 받게 되었다네. 하지만 빛을 파장으로 여기던 과학자들이 틀렸다는 말은 아니야. 자네, 혹시 튀코 브라헤Tycho Brahe(1546~1601)라는 과학자에 대한 이야기를 들어본 적 있나?"

아니, 그녀는 튀코 브라헤라는 이름을 들어본 적이 없었다. 그녀는 그 사람이 누구인지, 왜 갑자기 그를 들먹이는지조차 알 수 없었다. 아인슈타인은 튀코 브라헤가 덴마크의 천문학자로서 16세기에 살다가 17세기에 죽은 사람이라고 했다. 그는 하늘을 관찰하는 데 열심이었고 눈에 보이는 천체 운동들을 세밀하게 기록했다고 했다. 또한 그가 작성한 천문도와 천체력天體曆은 이후에도 오랫동안 사용되었다고 했다. 마지막으로, 아인슈타인은 튀코 브라헤가 지구가 고정되어 있음을 증명해 보였다고 했다.

"무슨 말씀이세요? 지구가 움직이지 않는다는 사실을 증명했다고요?"

"그는 자기가 증명했다고 믿었지. 증명 방법은 대단히 기발했다네. 그는 대포를 준비해서 포탄을 동쪽과 서쪽으로 쏘았어. 물론, 포탄은 모두 무게가 동일했고 화약의 분량도 정확하게 똑같았지. 그런데 일찍이 코페르니쿠스가 주장한 대로 지구가 끊임없이 태양 주위를 돌고 있다면 서쪽으로 쏜 포탄의 사정거리는 동쪽으로 쏜 포탄의 사정거리보다 짧아지겠지."

"논리적으로는 그렇지요."

"그래, 튀코 브라헤의 관점에서는 그게 논리적이었지. 포탄이 공기를 가르며 날아가는 동안에 지구가 움직인다면 서쪽으로 쏜 포탄이 반드시 더 멀리 날아가야 한단 말이야."

"하지만 그렇게 되지 않잖아요."

"그래, 전혀 그렇게 되지 않지. 동쪽으로 쏜 포탄이나 서쪽으로 쏜 포탄이나 같은 거리를 날아가서 떨어진단 말이야. 그래서 그는 결론을 내린 거라네. 지구는 움직이지 않는 것이 분명하다고. 그래서 그는 다양한 현상들에 대해서 다른 설명 방법을 찾아야 했지. 예를 들어, 낮과 밤이 번갈아 나타나는 현상 따위를 다른 방식으로 설명해야 했던 거야."

"제가 제대로 이해했는지는 모르지만, 실험이 전부는 아니군요."

"실험은 정당하게 준비되어야 하고, 어떤 선입견에도 좌우되어서는 안 되지. 그리고 실험 조건이 아주 중요해. 실험의 조건들은 매순간마다 검증되어야 하지."

"사람들은 그 덴마크 학자의 실험 결과를 믿었나요?"

"몇 년 동안은 그랬지. 하지만 그 다음에 갈릴레이가 등장했다네. 그는 다른 실험을 통해서 대포, 포탄, 지구가 불가분의 관계에 있음을, 즉 같은 체계에 속해 있음을 증명해 보였지. 우리가 살펴보았던 비행기나 요트의 예와 마찬가지야. 지상에 속한 물체가 우리가 사는 지구와 별개로 운동하는 경우를 실험하려면 우주공간으로 나가야만 하지. 그 당시에 그런 실험은 불가능했어. 아니, 상상조차 할 수 없었지."

"그러면 우리가 태양을 바라볼 때는 기차역의 예와 마찬가지인가요? 우리는 움직이지 않고 다른 기차가 움직이는 것처럼 생각하는 건가요?"

"멀리 갈 것도 없이 거기에다가 조금만 더 덧붙여 생각해보자고. 우리 은하계의 행성들의 경우, 한 대가 아니라 여러 대의 기차들이 동시에 움직이는 셈이야. 그리고 그 선로의 간격도 저마다 다다르지."

"기차역 또한 움직이고요?"

아인슈타인은 잠시 생각을 하고는 웃으면서 이렇게 답했다.

"기차역 역시 움직이지. 물론이야. 심지어 그 역이 있는 도시 전체도. 더 나아가…… 아니, 아무것도 아니야. 이제 기차니 비행기니 하는 이야기는 잊어버리게나. 자!"

그는 다시 아가씨의 손을 붙잡고―하지만 그녀는 아인슈타인의 손이 와 닿는 것을 거의 느끼지 못했다―사무실을 가로질러 세 번째 문으로 이끌었다.

■■■

아인슈타인은 아까 매디슨스퀘어가든으로 통하던 세 번째 문을 다시 열었다. 두 사람은 갑자기 별들이 수놓인 밤하늘에 와 있었다. 무수한 별들이 그들을 에워쌌다.

"우주를 바라보게. 아니면 보이는 것이라도 보게나."

두 사람 앞에 펼쳐진 밤은 놀랄 만큼 환했다. 오늘날에는 도시의 휘황찬란한 조명이 별빛을 흐리지만 이날 밤만은 그런 조명이 전혀 없었다. 마치 끊임없이 매연을 뿜어내는 공장 굴뚝들이 모조리 사라지고 옛날처럼 신선하고 투명한 공기가 되살아난 듯했다. 이럴 때면 으레 그렇듯, 두 사람은 잠시 아무 말도 할 수 없었다.

"나는 천문학자가 아니라네. 그러니까 내가 별자리들의 이름을 다 알고 있으리라고 기대해서는 안 돼. 그런 쪽의 전문가는 따로 있는 법이지. 그들은 족보 연구가들과 비슷하지. 하늘의 모든 식구들, 아주 사소한 별자리의 이름까지 죄다 꿰고 있으니 말일세. 하지만 그런 사소한 별들의 무리 역시 은하라는 광대한 별들의 공화국일 수 있다네." 아인슈타인이 말했다.

"저희 삼촌이 그런 분이세요. 여름이면 삼촌은 조그만 망원경을 가지고 시골 언덕에 올라가곤 하세요. 그럴 때면 삼촌은 처자식도 다 잊어버린 사람처럼 보이지요."

"이해할 수 있어. 보라고, 우주는 도저히 거부할 수 없는걸. 우주는 매혹 그 자체야. 정말 아름답지. '아름답다'는 말이 이 무한한 공간에서 어떤 의미를 지닐지는 모르지만 말이야. 모든 아름다움이 여기에 있다네. 결정적으로, 우리는 우주를 바라보면서 우리의 보잘것없음을 깨닫게 되지. 우주는 우리를 압도하는 거야. 그러면서도 우리를 맞아줌으로써 우리를 발전시키고 우리의 눈과 정신을 드넓게 열어주지. 그렇게 우주는 우리를 받아들인다네. 옛 사람들은 이렇게 말했지. 우주가 우리에게 제 모습을 드러내고 계시한다고. 언제나 숨기를 좋아하시는 신과는 반대로, 우주는 노출되기를 좋아한다네."

"왜 그런 말씀을 하세요? 우주가 우리를 맞아주고 우리를 받아들인다고요? 제 생각에는 정반대 같은데요. 우주는 우리를 거부하고 멀리 떼어놓으려 하지요. 우리를 배척한다고요."

"아니, 왜 그렇게 생각하나?"

아가씨는 가볍게 한숨을 쉬며 이렇게 대꾸했다. "여기저기서 그런 글을 읽었거든요. 그것도 선생님 같은 과학자들이 그런 글을 쓰던데요. 우리는 우리만의 작은 세상에서 결코 벗어나지 못하잖아요. 지구에 영원토록 갇혀 있는 셈이지요."

"그래서 안타까운가?"

"가끔은 그래요. 지구는 아주 작잖아요. 우리는 지구를 구석구석 알고 있고요. 우리 시대 사람들에게는 다소 맥 빠지는 일이지요. 지구상에서 우리가 아직 못 본 게 뭐가 있나요? 새로운 것이 뭐가 있나요? 엄청나게 애를 쓰면 인류가 화성에 첫 걸음을 내딛는 일쯤은 가능하겠지요. 아니면 어떤 위성에 가볼 수도 있겠지요. 하지만 그 정도가 다잖아요. 태양계를 넘어가는 여행 따위는 상상할 수도 없잖아요."

"그래도 인류는 달에 가지 않았나."

"예, 제가 태어나기도 전의 일이지요. 그러니까 달 정복 따위는 저에게 전혀 새롭지 않아요. 그저 과거의 업적일 뿐이에요."

"자네, 인류가 달에 간다는 것이 어떤 의미인지 알고는 있나?"

"무슨 말씀을 하시고 싶으세요?"

"그 모든 노력과 비용과 위험을 생각해보게. 우주라는 차원에서 달은 광속으로 가면 1초 거리지."

"그렇게 가까워요?"

"그래, 빛의 속도로는 지구에서 달까지 1초밖에 안 걸린다네. 사람들은 그것을 '우주여행'이라고 부르지! 하지만 자네에게 물어 보고 싶네. 몸으로 여행을 하는 게 무슨 의미가 있나? 생각만으로도 충분한데!"

"무슨 생각이요?"

"모든 생각이지. 아가씨, 내 말 좀 들어보게. 진실로 말하건대, 내가 미처 충분히 생각해보지 못한 문제들이 아마 분명히 있을 테지. 자네가 내 말을 들으면 내게 그 문제들을 일깨워줄 수 있을 거야. 암, 그렇고말고. 자네처럼 나를 지켜보는 이가 있으면 나는 좀더 잘 생각할 수 있다네. 그럴 때 나는 이렇게 말하지. 우주는 우리의 것이었으나 이제 더 이상은 그렇지 않다고. 우리는 그 점을 인정해야 해. 인류는 수 세기 전부터, 수천 년 동안이나 우주를 마음속에 그려왔지. 적어도 우리 서양에서는 그랬지. 거의 인간적이라고 할 수 있는 관점에 따라서, 상상할 수 있고 여행할 수도 있는 것으로 여겨왔지. 마치 우주가 우리에게서 멀어지는 것을 용납할 수 없다는 듯이. 우주를 우리 눈으로 담을 수 있는 것인 양, 우리 손으로 잡을 수 있는 것인 양 생각했던 거야."

이 대목에서 아인슈타인은 갑자기 목소리를 낮추었다. 세상이 자신의 말을 들을까봐 경계하듯이, 드디어 비밀을 털어놓을 순간이 왔다는 듯이. "우리와 우주 사이를, 인간과 하늘 사이를 오가는 사자使者들이 있었지. 고대 그리스인에게는 무지개를 타고 다니는 이리스 여신이 있고, 그리스도 교인들에게는 천사들이 있고, 인도인에게는 압사라(힌두교에 등장하는 전설 속의 천녀天女—옮긴이)가 있었네. 하늘은 우리가 가꾸는 정원이었지. 그래서 우리는 상상의 나래를 펼쳐서 별들 사이에 짝을 지어주고 별자리로 묶기도 했지. 그게 다 인간의 욕망과 두려움에 따른 결과였지. 그래서 천체들이 특정한 형태로 배치되면 우리의 운명이나 성격에 영향을 준다고 믿기도 했어. 그게 소위 점성술이라는 거야."

그는 손끝으로 세상을 훑으며 말을 이었다. "보게나, 아가씨. 우리는 위대한 우주의 책을 읽듯이, 어떤 저자의 작품을 읽듯이 밤하늘을 읽으려고 했다네. 우리의 덧없는 인생이 어떤 식으로든 거기에 새겨져 있을 거라고 믿으면서 말일세. 우리를 우주와 분리해서 생각하려 하지 않았지. 하늘에는 우리가 없다는 걸 믿고 싶지 않았던 게야. 우리는 우주의 이야기를, 진실할 수밖에 없는 그 이야기를 듣기 원했다네. 바로 거기에서 전혀 상반된 두 가지 느낌 사이에서 갈팡질팡하는 이상한 감정이 싹튼 거야. 밤하늘이 아가씨의 삼촌에게는 인생의 경이와 빛으로 수놓인 양탄자 같을 테지. 한편, 스스로 자격이 있다고 주장하는 소위 해석자들에게는—항상 그런 부류들이 있게 마련이지—밤하늘이 수수께끼로 가득 찬 한 권의 책인 거야. 자칭 해석자들은 진리의 하늘지붕을 허위와 기만으로 둔갑시켰네. 그들은 별을 빙자하여 사기를 치는 무리들이야.

우리를 끊임없이 속이려 드는 그들을 경계하다보니 결국 우리는 밤하늘 자체마저 경계하게 되었네. 밤하늘은 우리에게 어둠과 환상만 준다고 생각하게 되었던 게지. 그리고 우리의 믿음이 확실한 것인 양 여기게 되었다네. 우리는 밤하늘이 자신의 검은 바탕에 써서 보여주는 그대로 세상을 신봉할 수 없었지. 오직 밝은 낮만이, 빛나는 태양만이 우리를 밝혀준다고 생각했다네. 그로써 우리의 시야는 좁아졌지만 어쨌든 영원히 위험할 수밖에 없는 어둠은 물리쳤다고 생각했지. 우리의 왕, 태양이 매일 아침 만물을 밝혀주고, 그와 비슷하게 우리의 지성도 무지를 저 멀리 몰아낸다고 생각했던 거야."

"태양 덕분에 나무도 자라나고요."

"그래, 그리고 가끔은 비도 오고. 이런 관점에서 크게 변한 건 없어. 물론 오늘날에는 태양에 대한 의존도가 점점 줄어들고 있기는 하지만 말이야. 옛날의 태양은 성스러운 빛과 은혜를 쏟아부어주는 존재였지. 하지만 태양이 주는 은혜들 중에서 어둠을 잊어서는 안 돼. 어둠은 지고의 선이야. 어둠 없이는 우리도 존재할 수 없지. 우리는 어둠으로 인해 사는 거야. 어둠은 진정한 의미에서 우리의 존재이유라고."

"그렇지만 선생님께서는 제 물음에 대한 답변은 안 하셨어요."

"무슨 답변을 안 했지?"

"우주가 우리를 맞아준다고 말씀하신 이유 말이에요."

　"아, 그렇지. 잠시 잊고 있었구먼. 자네는 내가 불연속에 대해 말할 때……. 이보게, 그 이야기는 조금 있다가 하지. 그보다는, 내가 살아 있을 때에 어떤 일들이 일어났는지 좀 알고 있나?"

　그녀는 당황했다. 그러고는 대단히 많은 일들이 있었다고, 두 번의 세계대전, 과학의 진보, 혁명, 학살 따위가 있었노라고 대답했다.

　"아니, 내가 말하려는 건 그런 사건들이 아닐세. 전쟁과 학살은 어느 시대에나 있는 일인걸. 우리 시대의 가장 큰 사건은 바로 우주가 모든 면에서, 그 전까지는 상상도 할 수 없을 만큼 확장된 거라네. 엄청난 비약이었지. 우주의 크기는 140억 광년 거리까지 확장되었지. 상상도 할 수 없는 거리 아닌가? 단 1광년도 우리의 감각과 두뇌로 가늠할 수 없건만, 140억 광년이라니…… 생각을 좀 해보게."

　"하지만 어떤 면에서 우리는 갈수록 자기중심주의와 이기주의로 치닫고 있잖아요? 우리는 이 괴물을 피해가야 하지 않나요? 고독하다는 감정은 더욱 깊어가고 있잖아요? 우리를 열기는커녕 오히려 더 폐쇄적으로 나아가고 있지 않나요? 쓸데없는 분쟁과 사소한 근심과 불행에 더 매여 있지 않나요?"

　"그래, 자네 말이 맞아. 많은 사람들이, 심지어 연구자들조차 그런 느낌을 강하게 받지. 이 미지의 지대에는 그에 걸맞은 한없는 절망이 배어 있다네. 140억 광년 앞에서 우리가 무슨 짓을 한들 의미가 있을 수 있겠나? 그렇지만 말이야, 나는 주장하네. 우주는 우리와 다시 가까워지고 있다고 말일세. 그와 동시에 우리는 밤하늘을 받아들이게 됐어. 우리는 밤을 길들여왔고, 사랑해왔어. 이제 드디어 밤하늘을 읽는 법을 배우게 된 거야."

"어떻게 우주가 우리와 다시 가까워졌나요?"

"그건 아주 간단하지. 얼마 지나지 않아서 우리는 우리 자신과 별들이 같은 물질로 이루어졌음을 알게 되었거든."

"정말요?"

"정말이지. 천체물리학자들이 그 점을 증명해줄걸. 아니, 보장이라도 해줄 걸세. 우리가 주변에서 보는 모든 물체들은 고체이든 기체이든 간에 기본적으로 우리와 같은 원자, 같은 미립자들로 이루어져 있다네. 이 물질이 어디에나 있지. 아가씨의 피부와 머리카락, 아가씨가 매고 온 가죽가방, 녹음기, 아가씨와 나 사이에 있으면서 목소리를 전달해주는 공기, 이 건물의 벽, 거리를 지나가는 전차, 지금 이 순간 빛나는 별과 대기에 이르기까지 모두 이 물질로 구성되어 있는 거야. 우리는 그 물질을 구성하는 원자의 중심핵을 '원자핵' 이라고 부르지."

"다른 구성 요소들도 있나요?"

"그럴걸. 하지만 지금 우리 관심은 원자핵에 있다네."

아가씨는 아인슈타인의 말을 여전히 듣고 있었지만 문득 자기 옆에 있는 그의 몸에 시선을 던지지 않을 수 없었다. 아인슈타인은 잠시 아무 말 없이 '나' 를 구성하는 물질을 생각해보고 있었다. 그러나 그에 대해서는 아무 말도 하지 않았다. 사실, 지금의 그는 어떤 물질로 이루어져 있을까? 잠깐 나타났다가 사라지곤 하는 이 방, 이 모형 비행기는 또 무엇으로 이루어져 있단 말인가? 아까 보았던 연못에 떠 있던 요트는 또 어떠한가?

그들은 미동도 않고 밤하늘에 둘러싸여 있었다. 아인슈타인이 다시 입을 열자 아가씨는 귀를 기울였다.

"이러한 물질의 정체는 수수께끼에 싸여 있지. 고대인이나 중세인이 이 사실을 알면 엄청 놀랄 거야. 그들은 믿을 수도 없거니와, 단 한 순간도 상상할 수 없는 일이지. 오늘날은 어떨까? 한편으로는 가시적 우주가 우리에게서 벗어났지. 우주는 우리 역량으로 어찌할 수 없어. 할 수 있으면 해봐라, 하는 식이지. 그런데 다른 한편으로는 우주가 갑자기 우리에게 친근해진 거야. 우리와 비슷한, 가장 친밀한 존재가 된 거지."

"우리는 별들과 같은 물질로 이루어져 있다, 이거죠?"

"우리는 별들로, 별들에 의해 이루어져 있지. 어쩌면 우리 자신을 통해 별들을 연구할 수 있을지도 몰라. 저 하늘을 바라보게. 가만히 저 별과 별 사이의 어둠을 바라봐. 그리고 저 어둠에도 우리 눈에는 절대 보이지 않는 수많은 별들이 가득 차 있다고 혼잣말을 해보게. 우리와 저 별들은 서로 수백만, 수십만 광년이나 떨어져 있지만 우리를 이루는 양성자는 정확하게 동일한걸. 우리와 세계의 관계에서 비례감각 따위는 완전히 사라지지. 우리는 측정이 불가능한 존재, 아무것도 아닌 존재들이야. 그래도 이렇게 말할 수 있지. 우리는 더 이상 세계의 척도가 아니다, 우리가 곧 세계이다, 하고 말이야. 자네 지금 무슨 생각을 하나?"

"솔직히 말씀드려요?"

"그래."

"그래도 선생님 말씀처럼 우주가 우리를 반가이 맞아준다는 생각은 안 드는데요. 나를 구성하는 양성자니, 전자니 하시지만, 그러한 단위로는 실감이 나지 않는걸요."

"그래, 그거야. 그게 바로 문제라니까. 우주는 어디에나 있는데 인간은 그것을 아무데서도 느끼지 못하지."

"우주는 그냥 관념에 지나지 않아요."

"관념이라고? 아닐세. 그런 말을 하는 사람도 있지만 나는 그렇게 생각하지 않아."

"왜요?"

"우주가 관념일 뿐이라면, 그건 반드시 우리 인간의 관념일 수밖에 없지. 그런데 우주가 인간의 관념이라면 왜 그렇게 접근하기가 어렵단 말인가?"

아가씨가 물었다. "그러면 이 세계는 현실인가요?"

"아무렴, 그 점에는 의심의 여지가 없지. 난 한 번도 부정한 적이 없다네. 어떤 의미에서는 '세계는 현실이다' 가 세계의 정의 자체라고 할 수 있지. 온전한 현실. 어쨌든 나에게는 그렇다네. 물론,

우리의 눈이 장애가 되곤 하지. 눈은 우주를 납작한 평면으로 보게 하지. 그게 바로 눈이 보는 방식인걸. 우리는 결코 우주 '안에' 있을 수 없어. 지구 위에서, 우리가 사는 이곳에서 하늘을 '바라보는' 것이 고작이지. 바보처럼 쳐다보기만 하는 거야. 하지만 모든 시선은 거짓이고 왜곡이야. 눈에 보이는 것만큼 의심스러운 것도 없다네. 우리의 눈, 나아가 그 눈과 떨어질 수 없는 관계에 있는 두뇌는 세계를 제한하고 우리를 끈질기게 미혹하지. 눈은 보게 할 뿐이야. 우리가 현실과 동떨어지게, 세계에서 벗어나게 내버려두는 거야. 그렇기 때문에 우리는 보이는 것을 초월해야 한다네."

"이 세계가 현실이라고 말씀하셨지요." 방문객 아가씨가 재차 다짐을 받듯 말했다.

"그랬지."

"그러면 지금 우리가 있는 이 세계도요?"

아인슈타인은 머리를 긁적이면서 중얼거렸다. 그는, 아까도 말했지만, 오직 하나의 세계가 있을 뿐이라고, 하지만 그 세계는 심오하고 변덕스럽다고, 이 세계에는 세계의 여러 표상들이 존재하는데 그 중 어떤 것들은 너무나 믿을 만하여 빠져들지 않을 수 없다고 했다. 그러고 나서 그는 거울, 관점의 변화, 사람의 눈을 속이는 그럴싸한 그림 따위에 대해서 분명치 않은 발음으로 우물우물 말했다. 아가씨는 그의 말에 열심히 귀를 기울이지 않았다. 아마 그녀는 나중에 이 문제를 다시 물어보겠다고 속으로 다짐하고 있었으리라.

그럴 시간만 주어진다면 말이다.

그들은 말이 없었다. 인간을 닮았다는 무한한 우주를 마주한 채, 침묵의 시간이 흘렀다. 아인슈타인은 가늠할 수 없는 이 세계에는 그것을 관조할 수 있는 단 하나의 고정된 시점 따위는 없다고 했다. 좀더 물러서서 바라볼 수도 없고, 그렇다고 해서 특별히 유리한 관찰 지점도 없다는 것이다. 여학생—어쩌면 기자일지도 모르는—이 물었다.

"선생님은 우리의 눈과 시선에 대해 말씀하셨잖아요? 다른 예도 들어주실 수 있나요?"

"그런 예를 다 들자면 며칠 밤을 새워도 끝이 없을 걸세. 특히 원자가 그렇지. 원자는 20세기 초에 확실히 부각되었지. 아직 원자를 미립자로 분할하기 전의 일이야. 원자라는 개념 없이는 더 이상 연구가 진행될 수 없을 듯 보였지. 나 역시 원자론을 내세웠던 학자들 가운데 한 명이지. 그런데 사람들이 우리에게 뭐라고 했는지 아나?"

"뭐라고 했는데요?"

"그들은 현미경으로도 원자를 관찰할 수 없다고, 그러니까 원자는 존재하지 않는 거라고 하더군. 보는 것이 곧 믿는 것이었지. 세균은 현미경으로 볼 수 있으니까 존재하는 거야. 게다가 세균은 인간에게 병도 옮기지 않나. 하지만 원자는 그런 식으로 존재를 확인할 수 없지. 그건 논외의 문제란 말이야. '당신이 주장하는 원자

따위는 필요하지 않소!', '그럼 원자를 보여주시오!' 이런 말을 얼마나 많이 들었는지 모른다네."

"속이 상하셨겠네요."

"말로 다 할 수 없지."

그녀는 다시 고개를 돌려 우주를 바라보았다. 그리고 눈을 감고 살며시 숨을 쉬었다. 아마 그녀는 보지 않으려고, 시선에 속지 않으려고 애쓰고 있었으리라. 그저 만물을 이루는 물질 그 자체—그녀 자신을 이루고 있기도 한 물질—가 은밀하게 자신을 덮치고 온몸을 꿰뚫고 지나가도록 내버려두는 중이었으리라.

그때 아인슈타인이 말했다. "자, 말해보게. 자네 눈에 보이는 것, 정지한 듯 보이는 것도 사실은 움직이고 있다고. 그것도 사방팔방으로 말일세. 우리가 사는 이 별은 돌고 있어. 비록 우리가 느끼지 못하더라도 말이야. 태양계도 움직이고, 은하계도 움직이고, 우주의 모든 은하들이 움직이지. 심지어 자네가 지금 일부나마 엿보고 있는 이 우주도 팽창하고 있다네……"

"그 말씀은 아까도 하셨어요." 아가씨가 다시 눈을 뜨며 아인슈타인에게 일깨워주었다.

"몇 번을 말해도 부족한걸. 하지만 이번에는 분명한 이유가 있어서 다시 한 번 말한 거라네."

"무슨 이유요?"

"적어도 일생에 단 한 번쯤은 상상을 해보라 이거지. 우리 과학자들에게는 이 사실이 얼마나 큰 골칫거리일지를."

"이 모든 걸 계산해야 하기 때문이지요?"

"그렇지. 모든 걸 정확하게 계산하려면 얼마나 힘들겠나. 우선 어떤 계산의 결과를 내놓는 것도, 그 결과를 검증하는 것도 엄청난 일이지. 게다가 우리 눈에 보이는 별들 중에서 일부는 이미 죽어버렸단 말이야. 물론, 자네도 그 정도는 알겠지."

"별이 죽어요?"

"아니, 모르고 있었단 말인가? 그런 말을 들어본 적이 없나?"

"들어보기는 했어요. 하지만 쉽게 설명해주세요."

계속 '수준의 문제'가 대화의 흐름을 끊곤 한다. 아인슈타인을 만나는 이 아가씨는—저널리즘 전공의?—석사논문을 준비하는 것 같기도 하고 단순히 간단한 취재를 나온 것 같기도 하다. 이 아가씨가 무엇을 알까? 어디에서 공부를 했을까? 공부는 어느 정도까지 하다가 그만두었을까?

알베르트 아인슈타인은 그녀에게 직접 물어볼 수도 있었다. 기본적인 개념으로 돌아가야 할까? 자기 정도 되는 과학자에게 원점에서부터 설명해달라고 부탁할 수가 있나? 상세하게 설명하고 단어의 철자까지 하나하나 불러주어야 하나? 그는 이런 질문들을 모두 던질 수도 있었다. 그런 한편, 그저 "자네가 인정하게. 자네는 내 말을 이해할 수 없어."라고 말하고 대화를 중단할 수도 있었다. 물론 그는 온갖 뚱딴지 같은 편지들에도 다 답장을 써주었노라고 했지만 예외도 있을 수 있지 않은가. "미안하구먼, 내가 할 일이 너무 많아서. 벌써 많이 늦었거든."이라고 말하면 그만이었다.

바로 여기서 방문객 아가씨의 매력적인 외모와 미소, 조금은 당돌한 태도가 작용할 수도 있었으리라. 어쩌면 젊은 여학생이 상황 전개의 주도권을 쥐고 있으며, 알베르트 아인슈타인은 그저 '시간을 낼 수밖에' 없으리라는 느낌도 든다. 아인슈타인이 핑계를 댈 수 있었던 모든 일거리, 처리가 늦은 우편물, 중단된 연구 따위는 대번에 그 의미와 위력을 상실했을 것이다.

그가 한두 시간쯤 더 대화를 나눈들 크게 지장 받을 일은 없었다. 그래봤자 그의 일정은 달라지지 않았다. 아니, 그는 아예 일정이라는 것이 없었다. 있어봤자 신경도 안 쓸 것이었다. 심지어 어쩌면 그가 말한 대로 아가씨의 방문으로 인해 자기 연구의 첫걸음으로 돌아가게 될 수도 있었다. 오히려 그녀라면 이처럼 어려운 영역에서 그가 좀더 나아갈 수 있게끔 도와줄지도 몰랐다.

그는 입을 열었다. "우리가 계산해야 하는 거리는 원래 상상할 수 없는 거리라네. 우리는 광년 운운하는데, 이건 빛의 속도로 1년 동안 멈추지 않고 이동하는 거리란 말이야. 빛의 속도는 초속 30만 킬로미터쯤 되지. 이런 이야기는 이해가 되는가?"

"그럼요, 물론이에요. 모두들 그 정도는 알고 있잖아요."

"그러기를 바라세. 어쨌든 별빛은 아주 먼 곳에서부터 우리에게 도달하지. 때로는 수십억 광년이 지나서야 지구에 다다르는 거야……."

"수십억 광년이요?"

"그래, 수십억 광년. 내가 이미 말했잖은가. 적어도 내 말을 주의 깊게 들으려고 노력은 해야지. 120억에서 150억 광년이나 떨어져 있을 수도 있어. 이런 계산은 내 소관이 아니지만 말이야."

"120억 광년이나 150억 광년이나, 거의 그게 그거 아닌가요?"

"자네는 그렇게 생각하나?"

"저한테는 별 차이가 없어 보여요. 250억 광년이면 어떻고 300억 광년이면 어때요? 뭐가 달라지는데요? 어쨌든 저한테는 아무 차이도 없는걸요."

"자네 말이 옳으이. 어쨌든 킬로미터 따위의 협소한 단위를 가지고 그 거리를 가늠하려고 생각하지 않는 게 낫지. 그렇게 할 수도 없고 말이야. 제일 먼저 필요한 자세는 인간의 기준을 전부 버리는 거라네. 과학 없이는 이러한 차원들이 우리의 정신이나 판단 기준을 넘어서지. 우리의 보폭으로는 그 거리를 쫓아갈 수 없단 말일세."

"그럼 어떻게 해야 되나요?"

"다른 방법을 써야지. 어쨌든 시도는 해야 하네. 또 다른 보조 도구를 만들어내어 사용해야지. 그 예로, 이미 오래 전에 숫자라는 것이 만들어졌지. 그 다음에는 수학이라는 학문이 만들어졌어. 우리의 감각, 눈에 보이는 형상, 평범한 생각과 꽉 막힌 논리의 함정에서 벗어나기 위해 이런 도구들이 필요하지. 세계에 접근하기 위해 또 다른 무기, 또 다른 언어가 필요한 거야. 칠판이나 종이 위에, 심지어 손톱 위에도 150억 광년이라는 거리를 표시할 수 있어야 하니까. 16세기에는 어떤 끈질긴 사람이 성경 한 권을 호두껍데기에 쓰는 데 성공했다더군. 우리도 그런 일을 하는 셈이야."

"그 성경을 읽을 수 있는 사람이 있었을까요?"

"아니, 하지만 그래도 성경은 성경이지. 현미경이 있었다면 확인을 할 수 있었을 텐데."

아가씨는 다시 빛나는 밤하늘을 쳐다보았다. "그럼 별들은 죽었는데 그 빛이 우리에게 아직도 오고 있다는 건가요? 그 별들은 어디 있나요?"

"거의 도처에 있지. 우리가 감지할 수 있는 별들 사이에. 더러는 이미 아주 오래 전에 죽어버린 별들이지. 우리는 그 별들의 본래의 빛만을, 우리에게 오기까지 오랜 여행을 거친 빛만을 감지할 수 있는 거라네."

"그 빛이 아무 도움도 받지 않고 수십억 광년을 넘어 우주여행을 한단 말이에요?"

"그래, 수십억 광년의 여행이지."

수수께끼에 뛰어들다

그들은 한동안 그러고 있었다. 얼마나 시간이 흘렀는지 알 수 없었다. 그녀는 양팔을 건들거리며 하늘을 쳐다보다가 이따금 눈을 감기도 하며 아무 말도 없었다. 그러다가 갑자기 이러한 물음을 던졌다.

"상대성이란 이런 건가요? 우리가 보는 것이 반드시 존재 본연의 모습이라는 법은 없다는 사실? 모든 것이 끊임없이 움직이고 있다는 것? 우리의 관점은 변한다는 것?"

"아니, 꼭 그렇다고 말할 수는 없지. 하지만 그게 하나의 발단이지. 정신이 취해야 할 첫 번째 태도랄까. 내가 아까도 말했지만 그러한 태도는 반드시 필요하다네. 우선은 상대성이 절대성에 대립한다는 것을 이해하고 받아들여야 해. 이 용어들 자체가 대립적이지만 말이야. 안 그런가?"

"선생님 말씀대로라면 절대성은 관찰자와 독립적으로 존재하는 거겠지요?"

"그렇지, 그렇게 말할 수 있지. 하지만 '모든 것이 상대적이다'라고 말하는 게 전부라고 생각해서는 안 된다네. 왜냐하면 상대성 자체도 어떤 절대성을, 혹은 다수의 절대성을 추구하거든. 그렇지 않다면 상대성은 과학적인 시도가 될 수 없을 거야. 상대성도 어떤 고정점과 불변성, 항구성을 찾고 있어. 그것이 바로 내가 하는 일이었지. 지금도 여전히 그 일을 하고 있고 말이야."

"그 일을 어떻게 하고 계세요?"

"아, 여기서는 일이 아주 복잡해졌지."

"정말로요?"

"자, 보게."

"뭘요?"

그는 다시 한번 칠판 쪽을 돌아보라는 사인을 보냈다. 요트 그림은 어느새 사라지고 칠판은 온통 방정식들로 뒤덮여 있었다. 방정식들은 끝없이 이어지고 여기저기 서로 겹쳐 있기도 했다.

"정말이지…… 이건 완전 난공불락이군요."

"이게 다가 아니야. 보라고."

갑자기 초호화 카바레에 조명효과가 들어오듯 벽과 천정과 마룻바닥이 방정식들로 도배가 되었다. 심지어 가구와 소품들, 바이올린과 악보대마저도 흰 분필로 쓴 방정식, 수식, 그래프 따위로 뒤덮여버렸다. 그것은 마치 특수효과 같았다. 온통 무대세트 같았다. 별들로 수놓인 또 다른 하늘—여기서는 별자리들이 수학식으로 이루어져 있는 독특한 하늘이지만—에 놓인 듯한 느낌도 들었다.

여학생은 더 이상 마룻바닥을 디디고 있다는 느낌이 들지 않았다. 그녀는 자기가 공중에 붕 떠서 조금 전에 보았던 밤하늘을 다시 마주하고 있다는 인상을 받았다. 그녀는 이 방 안의 우주를 조금이라도 흩뜨릴까봐 감히 움직이기도 겁내는 것 같았다. 우리 모두가 알고 있듯이, 그녀 또한 이 세계의 물질을 잘못 건드렸다가는 탈이 나고 만다는 사실을 알고 있었던 것이다.

그녀가 부드럽게 물었다. "한 가지만 더 여쭐게요."

"그러시게나."

"두 가지가 될 수도 있어요."

"그래도 마찬가지지."

"1905년에 도대체 무슨 일이 있었던 거죠?"

방문객 아가씨를 맞아들인 후 처음으로 세월의 무게가 갑자기 그를 후려치기라도 한 듯이 아인슈타인의 어깨에서 살짝 힘이 빠졌다. 그는 다리를 질질 끌며 책상 쪽으로 가더니 아까 보았던 안락의자에 조용히 앉았다.

수학적 기호들이 소리 없이 사라지고 방정식도 자취를 감추었다. 이제 방은 아까의 모습으로 되돌아왔다. 아인슈타인은 피곤에 찌든 음성으로 말했다.

"아, 청춘기의 진실이 몇 가지 있었지……."

"저한테 말씀해주실 수 있나요?"

"100년도 더 된 일인데."

"그래도요."

"물리학 잡지에 보면 기사들이 서너 개 있을 텐데. 벌써 그 일에 대해서는 글로 다 씌어져 나왔지. 그 기사들을 읽지 그러나?"

"저도 찾아서 읽으려고 노력했지만 그러지 못했어요."

"그런 사람이 아가씨만은 아니지. 그리고 그런 수고를 할 필요도 없다네. 그 시대 이후로는 과학계에서 사용하는 언어 자체가 바뀌었거든. 나 역시 당시에 씌어진 글들을 다시 읽기가 힘들 정도니까. 다시 읽는다면 내용을 수정하기 위해서겠지. 여백에 수많은 물음표들을 찍어가면서 말일세."

"그러니까 제가 그 기사들을 찾아 읽을 필요는 없겠지요?"

"없다마다. 내 말이 그거야. 여기서, 이 방에서 자네가 방금 보았던 끝없는 계산과 수많은 가정, 조작, 검증…… 이 모든 것들이 우리가 헤치고 나아가야 할 먹구름에 지나지 않는다네. 과학계의 동지들이 우리가 걸어간 과정 자체를 통해 결론의 진실성을 확신하기 위해서는 그래야만 하지. 그게 우리 집단의 언어라네. 우리는 그 언어에 맞춰야 하지. 그러지 않으면 우리의 지도를 새롭게 고쳐나

갈 수 없고, 결국 닫힌 문 앞에서 우물쭈물할 수밖에 없다네. 자네
도 길을 잃을 위험을 뻔히 알면서 모험에 뛰어들지는 않을 게 아닌
가. 어쨌든 자네 역시도 번역된 책을 읽으면서 굳이 외국어 원서를
참조하지는 않을 걸세! 번역자를 믿는 수밖에 없지 않은가!"

"네, 그럴 수밖에 없지요." 아가씨가 말했다.

■ ■ ■

그는 스물여섯 살이었다. 물리학을 공부하는 학생이었으며 이
제 막 폴리테크니쿰Polytechnicum, 즉 취리히공과대학을 졸업한 참
이었다. 아인슈타인은 그곳에서 별로 두각을 나타내지 않는 학생이
었다는 말이 전하는데, 그것은 터무니없는 소리이다.

그는 스위스 베른 특허청에서 특허심사전문가로 일하게 되었
다. 그는 이 업무에 대한 자질을 인정받았으며, 심지어 꽤 즐겁게
근무하기까지 했다. 그는 같은 취리히공과대학 출신인 첫 번째 아
내 밀레바Mileva Einstein를 비롯한 몇몇 친구들과 함께 열정적으로
물리학 연구를 계속했다. 그리고 생계를 꾸려나가는 동시에서 여기
저기에 소논문을 발표했다.

사실, 당시는 누구나 물리학을 공부하던 시대였다. 물리학은
당대의 유행 학문이자 산업과 직결되어 있는 부르주아적 학문이었
다. 물리학은 치열한 경쟁을 낳았을 뿐더러 세계의 수수께끼들에

겁 없이 달려들었다. 이 학문은 온 유럽을, 특히 정치 지도자들과 산업 주역들을 매료시켰다.

1905년에 아인슈타인은 상대성원리를 성찰하며 이 원리를 모든 물리적 현상으로 확장시켰다. 특히, 그는 스코틀랜드 학자인 로버트 브라운Robert Brown의 운동―물에 떠 있는 꽃가루 입자들의 움직임과 관련된 것으로, 그의 이름을 따서 '브라운 운동'이라고 불린다―에 대한 실험을 분석했다. 다음으로는 플랑크의 빛 에너지에 대한 이론, 즉 이른바 '흑체복사' 이론을 고찰했다. 아인슈타인은 이러한 이론들을 살펴보고 해석함으로써 대번에 뉴턴의 낡은 세계관, 시공간 개념을 뮤제 삼고 원자론으로 나아가는 문을 활짝 열었으며, 에너지와 물질을 동화하고, 광속을 우주의 초월할 수 없는 불변적 기준으로 삼게 되었다(그 빛을 방출하는 물체의 속도와 상황이 어떠하든 간에 광속은 절대적이므로). 결국 그는 (제한적인) 상대성 개념과 더불어 불변성의 길로 나아가게 되었던 것이다. 상대성이론에 따르면 물리학적 법칙들은 모든 '관성적(방향에 상관없이 동일한 속도로 직선 운동을 하는)' 관찰자들에게 동일한 것이 된다. 이것은 한 사람이 단 1년 사이에 이루어내기에는 어마어마한 성과였다.

"왜 갑자기 피곤해하세요? 물이라도 한 잔 가져다드릴까요?" 삽시간에 굽어버린 노학자의 어깨를 바라보며 아가씨가 물었다.

"아니, 괜찮네. 난 이제 물을 마시지 않는다네. 음식도 필요 없고. 생각해주어 고마우이. 하여간 내가 이렇다보니 자네에게 대접

할 것도 없구먼. 미안하네. 혹시 아가씨가 목이 마르면……."

"아뇨, 저도 목마르지 않아요. 전 그냥 선생님 태도가 갑자기 달라지신 게 이상해서요. 단 몇 초 만에, 그러니까 제가 1905년 이야기를 입에 올리자마자 선생님 상태가 안 좋아지신 것 같아요."

"괜찮아질 거야."

"무슨 생각을 하셨던 거예요?"

"가끔은 말이지, 지금의 내 상황에도 불구하고 옛 추억이 떠올라 괴롭다고나 할까, 번민에 잠긴다고나 할까. 나도 다른 사람들과 똑같아. 쓰라린 추억도 그렇고 달콤했던 추억도 그렇고 나로서는 어쩔 수가 없지. 내 연구, 내 친구들. 우리가 함께 산길을 걸을 때면 이따금 엄청난 아이디어가 뇌리를 스치곤 했지. 밤이 깊도록 빛에 대해 토론을 나누고, 계시와 논쟁으로 오랜 시간을 보내곤 했지. 의심과 오해도 있었지. 실망과 비웃음도 있었고. 부부생활은 파경을 맞았고―물론 원인은 내 쪽에 있었지―우리 아이들의 삶은 행복하지 못했지. 내가 실패한 모든 것들이 그렇게 떠오르는구먼."

그는 대놓고 말하지는 않아도 그렇게 설명하고 싶은 듯했다. 세계에 대한 시각을 바꾸어놓은 이 사람에게는 그 시기가 모든 이의 몰이해 속에서 방황하며, 철저하게 혼자였던 시기라고 말이다.

유럽은 혐오스러운 전쟁에 말려들었고, 전쟁은 곧 전 세계로 퍼졌다. 그 와중에 그가 제시한 관념들은 40년도 채 걸리지 않아 인류에게, 그들이 오래 전부터 꿈꾸어왔던 힘들과 해결책을 제공하게 되었다. 하지만 그 힘들 중에는 인류 자신을 영원히 파멸시킬 수도 있는 무서운 힘도 있었다.

그렇지만 아무도 그런 점을 보지 못했다. 이해하지도 못했다. 아무도. 아인슈타인 자신마저도. 아마도 사유의 역사에 있어서 한 사람의 비밀스러운 직관과 모든 이의 운명이 이렇게 극명한 대조를 이룬 시기는 없었으리라.

"저에게 예를 들어 말씀해주시겠어요? 제가 이해할 수 있을 만한 예를 한 가지만 들어주시면 안 될까요?" 아가씨가 청했다.

"그거야 어려운 일이 아니지." 아인슈타인은 별 생각 없이 말했다. "자네는 이 방에 들어서서는 내가 시간이 존재하지 않는다고 했다고 그랬지."

"그랬지요."

"지금 그 말을 번복할 생각은 없네. 하지만 자네 말은 정확하다고 볼 수 없어. 풍자 만화가들은 내가 그런 말을 했다고 하는데 사실 나는 그런 말을 입 밖에 낸 적도 없고 어디에 쓴 적도 없다네. 취지는 거의 비슷할지 몰라도 어쨌든 그런 식으로 단순화해서 부조리하게 표현한 적은 결코 없어."

"그럼, 선생님은 뭐라고 표현하셨는데요?"

"나는 주의 깊은 과학자에게 있어서 우리가 시간에 부여한 형태들, '이전', '이후', '동시에', '곧' 따위의 표현들은 정확한 의미가 없다고 했지. 이런 형태들은 계속 애매하게 남아 있을 뿐이고,

각 사람의 감정이나 상황에 의존적이야. 그러므로 그저 말에 지나지 않는다고 했지. 그건 그냥 세간의 대화, 응접실에서 나누는 수다에나 등장하는 시간 개념이라네. 그리고 나는 시간에 대해서도, 도무지 무너뜨릴 수 없을 것처럼 보이지만 시간은 우주 어디에서나 동일한 방식으로 모습을 드러내는 절대적 가치가 아니라고 했지. 시간 자체도 사건에 따라서 상대적이라고, 다시 말해 물질과 속도에 따라 상대적이라고 했지. 게다가 그 점은 우리의 일상생활을 통해서도 확인되는걸."

"어머, 그래요?"

"이 의자에 앉아보게나."

아인슈타인은 속을 넣어 푹신하게 만든 평범한 의자를 가리키며 말했다. 그녀는 시키는 대로 앉았다. 아인슈타인은 다시 자리에서 일어났다. 이제 아까의 생기발랄함을 되찾은 듯 보였고, 어느새 얼굴에는 미소가 살아나 있었다. 그는 책상 주위를 돌더니 소리 없이 다가와 아가씨의 무릎에 앉았다.

"겁내지 말게. 나는 그렇게 무겁지 않으니까."

그 말은 사실이었다. 그의 무게는 거의 느껴지지 않았다. 하지만 아가씨는 그런 말은 하지 않았다. 그냥 아인슈타인이 하는 말을 가만히 듣기만 했다.

"어쨌든 내가 자네 무릎에 1분간 앉았다 치세. 나한테는 그 시간이 아주 짧게 느껴질 테지. 자네는 아주 매력적인 여성이니까. 자네 피부에 닿으면 무척이나 부드러운 느낌이 들 테지."

그는 벌떡 일어나더니 이렇게 덧붙였다. "하지만 내가 뜨거운 냄비 위에 앉는다면 1분도 엄청 긴 시간처럼 느껴질 거야."

"네, 저도 그건 이해할 수 있어요."

"이걸 이해 못할 사람은 없지. 내가 방금 보여준 예는 정말 간단하고 당연하며…… 대단히 주관적이기도 하지. 과학적 예라고 보기는 어렵지만 그래도 마찬가지야. 이런 게 첫 걸음이 되는 셈이지. 상황을 바꾸고 지각, 관찰, 연구의 조건을 바꾸고 사물의 속도를 바꿔보게. 그러면 시간이 동일하지 않음을 알게 될 테니까. 시간은 더 이상 신처럼 떠받들어야 할 지고의 불변적 가치처럼 보이지 않게 될 걸세."

"공간의 경우도 마찬가지인가요?"

"당연하지. 길이는 운동 방향으로 수축된다네. 우리 눈에는 자동차나 사이클 선수가 달릴 때의 모습과 멈춰 서 있을 때의 모습이 달라 보이지. 운동은 사물을 수축시켜 보이게 한다네. 이것도 아주 간단하고 어린아이들도 알아들을 수 있는 예에서 출발한 설명이지. 개미 눈에는 엄청나게 커 보이는 사물도 코끼리에게는 아주 작아 보일 걸세. 자네도 동의하지?"

"네, 그럼요."

"좀더 간단하게 말하자면 개미에게는 코끼리가 큰 생물이고 코끼리에게는 개미가 작은 생물이지. 어쨌든 우리가 보기에는 그렇단

말이야. 하지만 아주 멀리서 바라보면, 그러니까 우주적 차원이나
태양계 차원에서 보자면 개미와 코끼리 사이에는 별다른 크기의 차
이가 느껴지지 않을걸. 반대로 무한하게 작은 차원으로 파고들어도
마찬가지겠지. 스케일이 무한하게 클 때보다 그쪽이 상상하기는 좀
더 어렵지만 말이야. 말하자면 미립자 차원에서 바라보면 개미나
코끼리나 엄청난 크기이기는 마찬가지라는 거지. 그 둘이 차지하는
공간이 무한해 보이기는 마찬가지야. 어쩌면 미립자 차원에서는 개
미 한 마리조차도 '본다는 것' 이 불가능할 정도로 어마어마한 크기
일 테지. 그러면 코끼리도 마찬가지 아니겠나?"

"그러니까 우리는 항상 상대적으로만 존재한다는 거죠?"

"대략 그런 얘기지. 사실, 우리는 이 물음 일보직전에 있다네.
그 주위를 맴돌고 있는 거지. 하지만 분명히 말해두세. 이런 이야기
를 하면서 우리가 상대성에 똑같이 접근하고 있는 건 아니라네. 프
랑스인들은 제한된 상대성이라고 말하겠지만, 나는 특수상대성이
라고 부르는 쪽을 선호하지."

"우리는 어떤 상대성을 다루고 있는데요?"

"음, 초보적인 상대성이라고 할까. 일상에서 흔히 볼 수 있는
상대성이지."

"선생님 입장에서요?"

"그래, 나도 가장 단순한 것들이 때로는 가장 받아들이기 힘든
것들임을 알고 있지. 이미 말했지만, 우리는 수천 년간 이어져온 편

개미와 코끼리는
그 크기의 차이가
엄청난 듯 보이지만
BIG
← 63층
꼭 그런것만도 아닌것이...
아주 멀리서 바라보면
식별조차
안되는 거거덩~!
상대적으로 미미한
존재들이긴 마찬가지군요.
지구

협한 사고의 산물이야. 믿음이니 전설이니 하는 것들에 완전히 휘둘리는 존재들이지. 인간 차원의 생각으로 만족하고, 보이는 대로만 상상을 하려 하지. 자네는 이미 80여 년 전에 코페르니쿠스가 들고 나왔던 주장을 갈릴레이가 다시 들고 나왔을 때에 사람들이 뭐라고 반박했는지 알고 있나? 갈릴레이는 종교재판관들의 눈치를 살펴가며 아주 조심스럽게 주장을 했었지. 지구는 우주의 중심에 고정되어 있는 게 아니라고 말이야."

"몰라요, 그들은 갈릴레이에게 뭐라고 했나요?"

"하느님이 자신의 형상대로 인간을 만들었다고, 그래서 성스러운 피조물인 인간을 지구에 살게 하셨노라고, 그러니까 지구는 우주의 중심일 수밖에 없다고 했다네. 태양을 비롯하여 다른 천체들은 지구를 숭배하며 그 주위를 돌 수밖에 없다고 말이야. 그들은 갈릴레이가 자신들의 주장에 굴복하도록 강제했지."

"하지만 하느님이 인간을 창조했다는 말은 누가 한 건데요? 그 말 역시 또 다른 인간에게서 나왔을 것 아니에요?"

"아무렴, 물론이지. 성경 저술가와 주석가들, 교부敎父들의 공의회, 소위 '교회의 권위'라고 부르는 사람들에게서 나온 말이지. 그들의 주장은 어이없는 자가당착에 지나지 않건만, 전통적인 권위를 지닌 사람들 가운데에서 그러한 주장에 반기를 든 사람은 아무도 없었다네. 먼 훗날, 다윈도 갈릴레이와 똑같은 꼴을 당했지. 그는 인간과 동물의 조상이 동일하다고 주장했으니 말일세! 『창세기』

를 다시 읽어보라는 둥, 노아의 방주 이야기를 다시 읽어보라는 둥 난리도 아니었지! 신학, 그리고 소위 성경적 역사는 분명히 인간의 작품이건만 과학적 발견을 무너뜨릴 근거로 쓰였던 거야. 진정 옳은 길에서 벗어난 발상이라 아니할 수 없지. 미친 짓이지, 정상이 아니고말고. 오늘날에는 정말 케케묵은 사고의 소유자들 몇몇을 빼놓고는 그 따위 주장을 내세울 사람들이 없겠지."

"그래도 그런 사람들이 여전히 있다고 생각되는데요."

"그리고 앞으로도 오랫동안 있을 거야. 그 점에 관한 한 환상을 품어서는 안 되지. 우리 주변에는 왜인지는 모르지만 거대한 난파 사고에 휩쓸린 것 같은 사람들이 항상 있지. 그들은 시대착오적으로 표류하면서 과거에 매달리는 거야. 뭐, 그래봤자 자신들에게만 손해지만 말이야."

그는 자신이 '초보적인 상대성'이라고 부른 것, 곧 일상적 상대성에 관한 또 다른 예를 들었다. 그는 이런 식으로 말하기를 좋아한다고 했다. '만약 상대성이론이 참된 것으로 밝혀진다면 독일은 내가 독일인이라고 할 것이고 프랑스는 내게 세계시민이라고 주장할 것이다. 그러나 나의 이론이 거짓으로 밝혀진다면 프랑스는 내가 독일인이라고 할 것이고 독일은 독일대로 내가 유대인이라고 할 것이다. 그러니까 상대성 그 자체도 상대적인 셈이다. 개괄적으로 상대적이다.' 아인슈타인은 이런 농담을 하곤 했단다.

그는 시간에 대해 설명했듯이 이제는 우리가 일상적 공간에서 사물과 우리 자신을 다루기 위해 사용하는 몇 가지 용어들을 따지고 들기 시작했다.

"하늘이나 태양은 우리 '위에' 있는 게 아니야. 엄밀하게 말해서 그런 표현은 아무 의미도 없지. 그러면 화성이나 토성 같은 행성들은 우리 '위'에 있나, '아래'에 있나? 무엇보다 위에 있고, 무엇보다 아래에 있나? 우리는 이런 물음에 대해 답할 수 없다네. 북반구의 우리 위에 있다고 해서 그것이 남반구의 오스트레일리아 위에도 있다고 할 수 있겠나? 전부 다 헛소리야. 지리학적으로나 문법적으로나 낡아빠진 생각이지. 우리가 하늘을 보기 위해 고개를 쳐드는 것은 하늘이 우리 위에 있기 때문이 아니라네. 어떤 은하도 무엇의 위에 있거나 아래에 있지 않아. 우주는 한 채의 집처럼 설계도를 토대로 삼아 뚝딱뚝딱 지어올린 구조물이 아니지. 위, 아래, 먼 곳, 가까운 곳. 잠깐만 생각해보면 이 모든 말들은 상대적 의미밖에 없음을 알 수 있을 걸세."

"선생님께서는 그런 이유 때문에 시공간에 대해 말씀하셨던 건가요?"

"그래, 부분적으로는 그렇지. 사건들을 정리하고 시공간 속에 위치시키기 위해서. 새로운 절대성을 찾고 그것에 입각하여 진지하게 연구를 하기 위해서. 솔직히 말해서 이런 발상은 나의 스승이신 민코프스키Hermann Minkowski 교수에게서 비롯되었다네. 내가 그 발상을 취해서 발전시켜 나가던 초창기만 하더라도 나에게 조금이

라도 주의를 기울이는 사람이 전혀 없었지. 그러다가 아서 에딩턴
Arthur Stanley Eddington이라는 영국인 천문학자, 그것도 '왕립학회
회원'인 천문학자가 나타나 내 손을 들어주기까지는 무려 14년이
나 걸렸다네. 그는 천체 관찰을 통해서 내 말이 옳다는 것을, 시공
간은 휘어져 있음을, 좀더 정확히 말하자면 태양과 인접하여 휘어
져 있음을 입증해 보였지. 달리 말하자면 나는 물질을 시공간에 놓
았고, 바로 그 사실로 인해 시공간이 휘어졌던 거야. 아서 에딩턴은
나에게 경의를 표했지."

"시간은 사방에서 똑같지 않지요?" 아가씨는 심각한 얼굴로 물
었다.

"그렇지, 시간은 같지 않아. 시간은 존재가 없으며 실존하지 않
아. 우리는 시간을 어떤 인물이나 사물, 요소나 실체나 사건 따위를
말하듯 말할 수 없다네. '시간은 동일하지 않다'는 말도 할 수 없
어. 왜냐하면 그 말은 시간이 여러 개 있다는 뜻으로 들릴 수도 있
거든. 마치 여러 개의 시간을 비교하거나, 경우에 따라 시간의 속성
이 바뀔 수 있다는 말처럼 들리지 않나? 여기서 다시 한번 우리의
언어가 얼마나 기만적인지 알겠지? 우리가 말하는 방식이 생각하
는 방식까지 물들인다네."

"그럼, 우리는 어떻게 말할 수 있나요?"

"시간이 항상 동일한 방식으로 흐르지는 않는다고 해야겠지.
하지만 여기서 '흐르다'라는 동사를 쓰면 즉각적으로 강물이 연상

되겠지? 그리고 시간은 확장될 수 있다고—적어도 우리가 보기에는—말할 수 있겠지. 과거, 현재, 미래 같은 통상적인 개념들은 비록 뿌리가 깊기는 하지만 환상에 지나지 않는다고 할 수 있지. 그리고 이러한 일반적인 개념들은 진정 '상대적'이야. 그에 대한 우리의 지각은 얼마든지 달라질 수 있어. 비록 우리는 그 지각을 시계 바늘 따위로 균일하게 정리하고 정확하게 표시하려고 하지만 말일세. 손목시계를 보면서 모두들 똑같은 시각을 확인한다 해도 사실 그건 진정한 시간이 아니야. 그저 시간의 이미지, 문자판 위의 기호, 편의를 위한 사회적 약속일 뿐이라네. 그리고 공간 역시 변하지. 공간은 탄력성이 있는 듯 보이지. 공간도, 시간도, 세계의 존재 자체를 초월하여 일단 고정된 절대적 실체가 아니야. 공간과 시간은 모두 사물, 사건, 물질에 의존적이야."

"그러면요, 제가 만약 아주 빠른 속도로 우주여행을 한다면 제가 늙는 속도도 달라질까요?"

"물론이지."

"우주여행을 마치고 지구에 돌아왔는데 더 어려져 있을 수도 있을까요?"

"만약 자네에게 쌍둥이 형제가 있는데 그는 집에 남아 있고 자네만 우주여행을 했다면 그럴 수도 있지. 내 친구인 랑주뱅Paul Langevin이 그런 재미있는 생각을 했다네. 그리고 그의 생각은 타당하지. 인간이 실제로 그런 일을 겪을 수는 없겠지만 어쨌든 물리학적으로는 가능하다네. 원자시계를 가지고 실험도 해보았지. 실험 결과는 예상대로였어. 실제로 그런 결과가 나올 수 있음을 확인했다네. 원자시계를 다시 가져와서 보니 시간이 느려져 있음을 알 수 있었다네."

"어디에서 실험을 했는데요?"

"원자시계를 비행기에 실었지. 아주 미세한 수준까지 파고들어가는 실험이었어. 또한 우리가 '입자가속기'라고 부르는 기계에 넣어보기도 했지."

"그 영국인 천문학자는 정확하게 뭘 본 거죠?"

"에딩턴 말인가? 음, 그는 오랫동안 프린시페 섬이라는 남반구의 조그마한 섬에서 하늘을 관찰했었지. 포르투갈령에 속하는 섬인데, 나는 '프린시페'라는 이름이 마음에 든다네. 그는 일식을 기다려서 일부 별들의 모습을 촬영했지. 그런데 별들이 내가 예측한 모양 그대로 나타났던 거야."

"정말요?"

"그렇다니까. 내가 예상했던 대로 빛이 변화하면서 공간이 구부러졌지. 결과적으로 나는 태양의 반대쪽에 위치한 어떤 별, 즉 원래는 우리 눈에 보이지 않는 별이 관찰될 수 있을 거라고 주장했거든. 그리고 실제로 그 별을 본 거지. 덕분에 에딩턴은 내 주장이 옳다는 결론을 내렸다네. 그는 자신이 찍은 사진들을 발표했고, 그 다음날로 나는 대번에 유명인사가 되었지. 사람들은 정확한 이유도 모르면서 내 이름을 여기저기에 끌어다 쓰기 시작했네. 얼마나 어리석은 글들이 쏟아져 나왔는지! 자네는 정말 모를 거야! 특히 소위 '권위' 있는 사람들이 썼다는 글들은 정말……, 나의 주장이 그들과 엇갈렸기 때문에 나를 못 잡아먹어 안달이었지. 그들은 내가 정신이 이상하다는 둥, 미치광이라는 둥, 심지어 사회적 위험인물이라고 헐뜯기까지 했다네! 하지만 곧이어 다른 물리학자들이 내 의견에 동참했지. 거짓보다는 확실한 증거가 전염성이 뛰어난 법이니까. 참된 것에 대한 저항은 오래갈 수 없다네. 물론, 어떤 생각은 말살당하거나 오랜 세월 동안 기를 펴지 못하고 정체될 수 있지. 그러나 어떤 시점이 되면 걷잡을 수 없이 퍼져나간다네. 마치 공기 중에 잠재되어 있다가 어떤 계기로 다시 깨어나듯이 말일세."

"새로운 증거는 어떤 것이 있었나요?"

"첫 번째 상대성이론(제한적 상대성이론, 특수상대성이론)으로 인해 시간의 확장이 받아들여졌지. 그런데 에딩턴은 빛의 휘어짐을 확인함으로써 일반상대성이론까지 증명해주었던 거야. 나는 지금 자네에게 될 수 있는 대로 쉽게 설명하려고 애쓰고 있다네. 휘어짐과 중력의 관계를 이해할 수 있게 해주지. 이 지구본을 잡아보게."

아가씨는 시키는 대로 했다.

"경선을 손가락으로 짚어봐. 자, 나는 이쪽 경선을 짚어보겠네. 이제 북쪽으로 올라가보게."

두 사람은 각자 자기가 짚은 위치에서 점점 북쪽으로 손가락을 이동했다.

"손가락들이 서로 가까워지지? 이게 바로 곡면의 효과지. 우리는 여기서 어떤 힘을 볼 수 있다네!

우리가 살아가는 지구의 대기 중에는 공기가 있어서 물체의 가속도를 방해하지. 그 때문에 오랫동안 과학자들은 계산에 골머리를 앓아왔어. 진정한 물리학의 영역에 도달하려면 공기의 존재를 잊고 우주에서의 물리학을 상상해야 하지. 사유만이 그것을 가능하게 했지. 오직 사유만이 공기 없는 세계를 상상하게 해주니까."

"선생님이 말씀하시는 것들의 개념이 저에게는 불분명해요. 선생님이 말씀하신 진실의 전염성에는 저도 민감하지요. 물론 노력을 해야겠지만 어쨌든 흥미가 가요. 저는 다른 많은 이들이 그랬듯이 바보로 살다가 죽고 싶지 않아요. 그래서 '그래, 한 번 해보자' 라는 생각이 드네요. 제가 이야기 하나 해드릴까요?"

"그러게나."

아가씨는 이야기를 시작했다. 그녀는 몇 년 전에 시골에 사는 할아버지 집 다락방에서 낡은 공상 과학 소설 잡지들을 발견했다. 그 잡지들은 1950년대까지 거슬러 올라가는, 아주 오래된 것들이었다. 하루는 비가 와서 할 일이 마땅치 않았기 때문에 그녀는 잡지들을 뒤적여보았다. 그리고 거기서 짧은 이야기 하나를 읽었다.

심각한 위기 상태에 빠진 어떤 우주선의 이야기였다. 이 우주선은 계속 구조 신호를 보내면서 지구에 접근했다. 그러자 지구에서는 즉시 모든 항공교통이 금지되었고, 엔진 탐지가 시작되었으며, 공항에서 우주선을 맞아들일 만반의 준비를 갖추었다. 이러한 사건은 아주 이례적인 일로, 전에는 이런 사태가 발생한 적이 한 번도 없었다. 사람들은 주의 깊게 하늘을 쳐다보았고, 언론사에서는 서둘러 기자들을 파견했다. 구조 신호는 점점 더 명확하고 가깝게 들렸지만 우주선은 보이지 않았다. 육안으로는 물론이고, 레이더 스크린에서도 우주선 엔진의 위치를 파악한다는 것은 불가능했다. 그러는 동안에도 사람들은 우주선 착륙을 손꼽아 기다리고 있었다. 모든 메시지 교환은 중단되고 접선도 되지 않았다. 그때, 갑자기 이상한 소리가 나더니 더 이상 아무것도 들리지 않았다. 우주선의 자취는 완전히 없어졌다. 이제 곧 공항에 도착할 것이라고 선언하는 바로 그 순간, 우주선은 언제 보였냐는 듯이 증발해버렸던 것이다.

수수께끼, 조사, 전문가들의 자문, 다양한 가설들이 난무했다. 그리고 결국은 해결의 열쇠가 주어졌다. 우주선은 갑자기 압핀 머리보다 작은 크기로 줄어들어서 공항의 물웅덩이에 빠져버렸던 것이다. 이 놀라운 미니어처는 온전히 물에 잠겨버렸다. 아무도 우주선을 찾아내지 못했다.

"충분히 있을 수 있는 일이야. 우리는 사물의 스케일에 대해 생각하지 않지. 사실, 우리는 항상 누군가의 축소판이지."

"아니면 거대한 확대판이든가요."

"그것도 아니면 유령이든가."

그녀는 아인슈타인을 의혹이 담긴 눈으로 바라보았다. 마치 불현듯 지금의 상황을 자각한 듯, 자기를 맞아준 주인장의 물리적 실체가 의심스러워졌다. 하지만 주인장은 그저 만면에 미소를 띤 채 그녀를 바라볼 뿐이었다. 그의 콧수염마저도 웃는 모양을 띠고 있었다. 그는 평온한 목소리로 태양계 밖에서는 우리와 가장 가까이 있는 별마저도 4광년쯤 떨어져 있다고, 그 정도 거리면 대략 40만 억 킬로미터에 해당한다고 말했다. 그런데도 그 정도면 아주 가까운 별에 속한다고 했다.

"태양은 얼마나 멀리 있나요?"

"광속으로 8분 거리지."

그녀는 다시 물었다. "선생님이 말씀하셨듯이 생각으로 실험을 한다면, 생각으로는 모든 것이 가능한가요?"

"모두? 아니, 그렇지는 않지. 생각에는 고유한 한계가 있거든. 하지만 분명히 생각은 즉각적인 현실보다 더 멀리 나아갈 수 있게 해주지. 어쨌든 우리의 감각을 초월할 수 있게 해준단 말이야. 생각이 없으면 우리는 보잘것없을 걸. 자네는 생각하기를 좋아하나?"

"저요?"

"이건 정말 멋진 연습이지. 생각하기……, 그게 정확하게 뭔지는 모르지만, 어쨌든 우리 뇌의 100억 개 뉴런들 가운데서 일어나는 일이지. 우리가 나아가는 길이 기묘하기에 다양한 접촉과 수렴을 거치게 되지. 사유는 마치 스파이 소설에서처럼 뉴런들이 서로 연접하고 조직망을 이루면서 일어나는 일이지. 내가 할 수 있는 말은 이거라네. 나는 이 같은 즐거움을 다른 데서 전혀 맛보지 못했어. 그토록 평화롭고 충만한 감정을 사유 이외의 것에서는 느낄 수 없었다네. 자, 시공간에 대해서 이야기를 하나 더 해보지."

그는 여학생에게 다시 별들이 수놓인 밤하늘로 오라는 시늉을 해 보였다. 여학생은 주저하지 않고 그를 따라갔다. 그는 손가락을 들어 주변에 둘러싸인 별들을 가리키면서 이렇게 말했다.

"우리는 시간을 연상할 때에 항상 시간이 흐르는 것인 양 상상하곤 하지. 시간이 없다든가, 어떤 일이 동시에 일어난다 혹은 일어나지 않는다 하는 식으로 말하곤 해. 하지만 '동시에'라는 표현은 도대체 무슨 의미가 있지?"

"'같은 시간에'라는 의미 아닐까요?"

"그렇지. 하지만 좀더 정확하게 말해주게. 우리는 항상 과학자들에게 정확성을 요구하지 않는가. 나는 자네에게 모든 천체가 움직이고 있다고 말했지. 그리고 그 천체들이 우리에게 보내는 신호들은 빛의 속도로 전달되고 있다네. 하지만 저기 저 먼 곳과 여기가 '같은 시간'이라는 걸 어떻게 알 수 있을까? 이 문제에 대해 생각을 좀 해보세. 생각을 해봐."

아가씨는 잠시 조용히 있었다. 그녀는 노학자가 자신에게 어떤 것을 느끼게 하려는지 이해하려고 애썼다. 아인슈타인이 덧붙여 말했다.

"내가 어떤 빛의 신호를 받는다고 치세. 그 신호를 받기까지 수 십억 년의 시간이 흘러갔을 수도 있어. 그렇지? 그러면 어떻게 우주적인 동시성을 수립할 수 있겠나? 자네도 그게 불가능하다는 걸 알겠지. 빛이 완전히 즉각적이지 않으면, 빛이 아무 시간차 없이 전달되고 받아들여지지 않으면 '동시에' 라는 말은 의미가 없단 말일세. 그리고 우리는 그렇지 않다는 걸 알지. 빛의 속도가 제한되어 있음을 알고 있단 말일세. 그 사실을 알게 된 지 적어도 2세기는 되었을걸. 우주의 역사를 쓰려면 우리는 시간을 조각내야만 하지. 동시적인 조각들로 쪼개야 한단 말일세.

그는 이렇게 혼잣말까지 했다.

"그런데 '단위' 라는 말도 의미가 없기는 마찬가지 아닌가?"

"음악에서는 의미가 있지 않을까요? '박자' 라는 의미로 말이에요." 아가씨가 대꾸했다.

아인슈타인은 고개를 끄덕이면서 중얼거렸다. "맞아, 물론 음악에서는 그렇지. 하지만 '박자' 라는 의미에서의 단위는 우리가 만든 것이지. 우리 스스로 그 단위를 결정했지. 그것을 존중하느냐 마느냐는 오케스트라 단장이 정해주면 그만이야."

다시 침묵이 감돌았다. 그동안 아가씨는 무한을 마주한 채 여전히 꿈을 꾸고 있었다. 아인슈타인이 그녀에게 말했다. "이제 돌아갈까?"

■ ■ ■

　그러고 나서 바로 혹은 그보다 조금 후에 그들은 사유의 문제로 돌아갔다. 이 문제는 아가씨를 좀더 자극하는 듯 보였다. 그녀는 (비록 그녀 자신은 숨기고 있었지만) 철학의 영향을 받은 사람이었기 때문이다. '다르게 생각하기'라. 말은 쉽다. 하지만 그 사유를 어떻게 진행한담? 인간이라는 종은 항상 스스로의 생각을 경배하고 자신의 조잡하고 덧없는 육체에서 '정신'을 조심스레 분리해서 그 놀라운 업적에 도취하느라 정신이 없다. 인간은 사유할 수 있음이 자기 종의 우월성, 특권에 대한 확실한 증거라고 본다. 사유할 수 있다는 것을 자랑스러운 훈장으로 삼고 다른 생명체들과 차별화되는 요건으로 삼는다. 이미 인도의 경전인 베다는 사유를 '신적인 것'으로 보았다. 데카르트는 사유에서, 오직 이 한 가지에서 존재의 확실성을 발견했다.

　어떻게 사유를 잊을 것인가? 어떻게 사유를 따로 떼어놓을 수 있는가? 어떤 공정한 심판관이, 사유도 인정할 만한 심판관이 사유를 발견할까?

　아가씨는 우물우물 임마누엘 칸트에 대해 이야기했다. 애국자 아인슈타인은 두 세기 전에 이성을 자신의 심판대 앞에 세웠던 이 철학자를 지지했다. 칸트는 그러한 행위를 통해 세계의 문제를 해결할 수 있다고 떠들어대는 구변만 좋은 이들과 뻔뻔한 마법사들을 경계해야 한다고 ― 데카르트도 그런 취지로 말한 바 있지만 ― 역설했던 것이다. 우리는 자신도 깨닫지 못하는 사이에 그러한 요술쟁이와 마법사 노릇을 할 수도 있다(갈릴레이를 심판한 종교재판관들도 자기들이 진리의 수호자라고 생각했을 것이다).

자칭 스승 노릇을 하는 자들, 소위 성스러운 텍스트들, 똑같은 말을 되풀이하는 전통들. 이러한 외적 권위에 기대지 않고 이성을 자기 자신의 심판대 앞에 세워야 한다. 이성을 완전히 발가벗겨 날것 그대로 자기 앞에 세우고 엄중하게 다루어야 한다.

아인슈타인은 이러한 내용을 달달 외우고 있었다. 하지만 물리학의 경우, 피할 수 없는 모순을 마주하면서, 더구나 과거에는 변하지 않는 기준처럼 여겼던 시간과 공간을 상대적인 것으로 다루게 되면서 어떻게 판단하고 대처할 것인가? 논리와 엄정성만으로는 부족하다. 현실은 구부러지고 접히고 방황하고 배배 꼬였다. 우리의 사유는 방향을 잡는 데 도움이 될 만한 지도도 없는 상태에서 낯선 영역으로 뛰어든 셈이다. 지표도, 길잡이도, 우리를 기다리는 야영지도 없다. 블랙홀이라는 이름의 정체 모를 함정들까지 버티고 있다. 위도 없고, 아래도 없으며, 앞도 없고, 뒤도 없으며, 시간의 연속도 없고, 과거도 없고, 현재도 없고, 걸어가되 앞으로 나아가지는 않는다(그 반대가 아니라면 말이다).

이러한 부재 속에서 어떻게 사유할 것인가? 무엇으로부터 사유할 것인가? 무엇을 지향하며? 광속과 시공간이라는 새로운 두

가지 절대적 지표가 우리를 이끌어주기에 충분한 것일까?

초보적이지만 끈질기게 남아 있는 물음, 곧 세계의 질서와 운명에 대한 물음이 있다. 여학생마저도 이따금 그러한 물음에 사로잡힌다. 나는 왜 살아 있는가? 나는 왜 언젠가 죽어야 하는가? 내 삶의 의미는 무엇인가? 내 삶은 어떤 은밀한 계획의 일부인가? 어째서 대우주는 다른 방식이 아니라 지금의 방식대로 이루어졌을까? 우주에는 무엇이 감추어져 있을까?

아인슈타인은 '어떻게' 라는 물음에서 '어째서' 라는 추측되는 목적성에 대한 물음으로 넘어가는 경우가 얼마나 빈번한지, 또한 그러기가 얼마나 쉬운지, 한편으로는 얼마나 위험한지도 그녀에게 설명하려 했다. '어떻게' 야말로 지구상의 과학자들이 반드시 끈질기게 제기해야 할 물음인데도 말이다.

우리가 생각하기에 지구상에 잠시 머물다 가는 모든 존재들은 대개 어떤 목적, 즉 존재이유를 가지고 있어야만 할 것 같다. 우리는 모든 것을 우리 기준에 따라서, 우리 이미지대로 본다. 우리 모두는 어떤 식으로든, 의식적으로든 아니든 어떤 목적을 갖고 있기 때문에 지구상에서 그렇게 행동하고 살아간다. 우리는 건강하게 오래오래 살기 원한다. 부자가 되고 권력을 쥐기 원한다(물론 예외는 있다. 하지만 가난이나 청빈을 기원하는 사람들도 나름대로 어떤 욕망을 갖고 있는 셈이다). 마음에 드는 재화를 손에 넣기 원하고, 어떤 남성 혹은 여성을 유혹하기 원하며, 어떤 지위를 차지하기 원하고, 어떤 물음에 대한 답을 찾기 원하며, 그 밖에도 원하는 것들이 아주 많다. 우리는 이렇게 욕망하게끔 만들어진 존재들이며, 때로는 그 욕망 자체를 떨쳐버리기를 욕망하기도 한다.

우리들 대부분은 그렇게 되어먹은 존재들이기에, 사물을 이해하기 원한다. 다시 말해, 사물을 우리 정신의 한계—이것이 곧 우리의 이성이다—로 귀착시키기를 원한다는 뜻이다. 또한 '어째서'라는 이유를 이해하기 원하며, 사유와 그 기능, 한계, 그 밖의 모든 면모들을 이해하도록 부추기는 것들을 이해하고 싶어한다. 인간이 원하는 것들은 이렇게 한도 끝도 없다.

이 모든 것들이 결국 우리에게 말해주는 바는 이러하다. 사물들을 '설명'한다는 것은 불가능할 뿐 아니라 의미도 없다. 인간의 사유는 사유된 것 혹은 이미 사유되었던 것만을 설명해줄 수 있다. 사유되지 않은 것은 사유가 어찌할 수 없는 부분이다. 이해할 수 없는 것을 이해하려고 해봤자 아무 의미도 없다.

우리는 어떤 목적, 의도에 대한 욕구 자체, 세계 일반의 목적성을 향한 첫 걸음을 우주에 가져다 붙이려 드는 경향이 있다. 마치 모든 것이 우리 인간이 지향하는 방향과 같은 방향으로 나아가야 한다는 듯이. 은하와 전자들이 우리의 발걸음에 보조를 맞추고 우리 내면의 움직임과 결합해야 한다는 듯이. 의미가 현실을 지배하는 듯이. 무한하게 크고 작은 모든 것들이 교묘하게 몸을 숨긴 어떤 설계사의 의지를 따라야 하는 듯이. 거기 걸려 있는 수많은 별들이 우리의 오랜 물음에 답하기 위해 존재한다는 듯이.

"그 때문에 인간은 신들을 만들어냈나요?" 아가씨가 물었다.

"그것도 하나의 이유가 되겠지. 어쩌면 가장 큰 이유일지도 몰라. 우리의 위축된 의식은 아마도 또 다른 의식을, 그것도 보편적이면서 흠 잡을 데 없는 의식을 필요로 했을 테니까."

"사람들은 이런 문제도 선생님께 자주 여쭈어보지요?"

"골백번도 더 물어보지. 놀라운 일이지만, 내가 평생 동안 시달린 질문이라 해도 과언이 아니야. 당신은 신을 믿습니까? 어떤 종교를 갖고 계십니까? 기도를 드립니까? 이런 종류의 질문 말일세. 강박적이고 병적인 질문이지. 이런 질문이야말로 불안과 의심을 드러내는 표시 아닌가. 사실 나도 우주의 무한한 아름다움을 마주하면서, 그 장엄한 조화를 바라보면서 때때로 소위 종교적이라고 하는 감정을 느끼곤 하지. 왜 안 그렇겠나?"

"하지만 그 말이 선생님께서 신을 믿는다는 뜻은 아니겠지요?"

"오히려 그 반대지. 무한한 장관을 보면 오직 인간에게만 특권을 부여한 창조주가 존재한다는 생각은 너무나 부조리하게 느껴지는걸. 어째서 다다를 수 없는 차원들을 지닌 우주 안의 만물을 포용할 만큼 위대한 신이 보잘것없는 우리 인간들, 이토록 변변찮은 죄인들에게 연연하신단 말인가? 게다가 자네도 알고 있겠지만 과학자의 모든 행동은 이미 결정되어 있는 셈이라네. 우리의 자유의지는 극도로 제한되어 있지. 그렇다면, 어째서 신은 인간이 저지를 수밖에 없는 잘못을 벌한단 말인가? 처음부터 신이 계획한 일인데 어떻게 벌할 수 있겠나? 우주의 장관과 우리가 생각하는 신의 잔혹함 사이에는 너무 큰 괴리가 있어. 그런 신은 완전히 인간의 범주에 속할 뿐, 우주에는 걸맞지 않아."

"또 다른 이유들이 있다면요?"

"종종 말하듯 사람들은 우리의 목소리에 귀를 기울이고 손을 내밀어줄 만한 권위나 의지, 전능하신 주님을 욕망하지. 아니, 심지어 필요하다고까지 말할 수 있을 거야. 그리고 어떤 전통들은 결정론을 절대적으로 지지하지. 우리가 세상에 태어나는 순간, 이미 구원받을 자녀인지 벌을 받을 자녀인지가 정해져 있다고 말이야. 그러니까 우리가 무슨 짓을 하느냐와 상관없이 처음부터 다 결정되어 있다는 거야. 뭐, 그 자체는 거의 과학적이라고 볼 수 있지. 여기에 무無로의 회귀, 곧 죽음에 대한 일반적인 공포가 가세하지. 게다가 이 세상에서 정의를 찾을 수 없기 때문에 내세에서라도 정의가 필요하게 되지. 그 밖에도 여러 가지 이유들이 있지. 이런 이야기들은 이미 진부하지 않은가. 또 무슨 이야기가 필요한가?"

"하지만 제일가는 이유는 우리의 '어째서' 라는 물음에 대한 답변이 필요하기 때문 아닐까요?"

아인슈타인은 자기도 그렇게 생각하지만 확신하지는 못한다고, 자신은 철학의 전문가가 아닐뿐더러 그런 쪽과는 아주 거리가 멀기 때문에 뭐라고 말하기가 망설여진다고 했다. 그는 철학적 개

넘들과 행보를 불완전하게 알고 있을 뿐이지만, 스피노자의 애매하리만치 유연한 지성을 대하면서 동질감을 느낀다고 했다. 또 논리적 체계와 교훈적인 사유, 특히 모든 종류의 신학은 자신을 불편하게 만든다고 했다.

그는 자신이 구독하는 과학전문지들이 '신과 과학' 같은 주제로 특집 조사나 기사를 다룰 때처럼 짜증날 때가 없다고 했다. 그는 신과 과학 사이에서 어떤 비교할 만한 점을 찾거나 사소한 상관관계라도 수립한다는 것이 불가능하다고 보았기 때문이다. 그가 앞에서 '사유의 실험'이라고 부른 방법은 지나치게 일반적인 추론이 아닌 연관성, 몽상, 각도, 증거, 관점 등을 찾아야 한다. 또한 상상의 나래를 펼치기 전에 먼저 정직하고 순수하며 완전한 지식과 엄격하게 관찰된 방법론에 기반을 두어야 한다.

상상력 없는 연구의 길은 빈약하기 짝이 없다. 그 길은 판에 박힌 반복으로 채워질 뿐이다. 또한 어떤 무지에서 또 다른 무지로 나아가는 길일 수밖에 없다. 그게 아니면 과거의 구습에 다시 빠져버리고 말든가. 우리는 제자리에서 이미 명명했던 것들에 대해 다른 명칭을 부여하고, 나무밖에 보이지 않는데도 숲을 헤치고 나아간다고 믿는다.

아인슈타인 역시 젊은 날부터 인간적 사유, 인간적 정신, 인간적 감정, 인간적 기준을 벗어난다는 것이 얼마나 어려운지를 통감해왔다. 우리 아닌 모든 것에 대해 무지하고 모든 것으로부터 괴리

된 상태는, 세계라는 거대한 해변에서 눈에 띄지도 않고 아무 의미
도 없는 미세한 모래알에 처박힌 거나 다름없다. 하지만 우리는 이
끝없는 해변이—우리는 기껏해야 제일 가까운 모래알 서너 개밖에
경험할 수 없다 해도—우리가 접근할 수 있는 명확한 무엇이기를
간절히 바라는 것이다. 아마도 무척이나 케케묵은 잔재, 즉 인간이
우월하고, 창조라는 걸작의 중심이며, 신을 불완전하게 본딴 존재
라는 끈질긴 믿음 때문이리라.

　"이제 나는 육신의 무게를 벗고 굶주림, 갈증, 신체적 공통, 일
상의 고민, 심지어 담배를 피우고 싶은 욕구에서도 해방된 존재가
되었지. 그런데도 나 자신을 벗어나는 경지에는 이르지 못했다네.
인간적 야망이나 죽음에 대한 걱정을 온전히 뛰어넘은 지금 상태에
서도 말일세. 난 아직도 세계를 이해하고 싶은 욕구에 강박적으로
매달리지. 나는 더 이상 세상을 살아갈 필요가 없는데도 말이야. 자
네는 못 믿겠지. 나는 오늘도 방심하다가 가구에 부딪혔지. 이런 점
을 보면 나는 하나도 변하지 않았어. 내가 더 이상 존재하지 않는
세계에서 나를 분리하려면 곰곰이 생각에 잠겨야만 한다네."

　"예전처럼 말이지요?"

　"그래, 예전처럼. 요트를 타고 하염없이 생각에 잠겼을 때처럼.
아니면 로스앤젤레스에서 만난 유럽 지진학자의 이름을 금세 까먹
었을 때처럼 말이야. 그는 캘리포니아에서 지진 연구를 하고 싶어
했지. 우리 두 사람은 어떤 종이를 들여다보면서 그래프를 검토하

고 있었다네. 사람들이 우리 주위를 마구 뛰어다니고 진짜 지진이 일어나 도시가 아수라장이 되었는데도, 나는 아무것도 느끼지 못했지. 하지만 그날 지진으로 인한 사망자가 100명이 넘었다더군."

그는 추억을 떠올리며 잠시 미소를 지었다. 그러나 이내 이렇게 자문했다. 무엇을 하지? 내가 춤이라도 덩실덩실 추었어야 했나? 술에 취했어야 했나? 약을 먹거나 불타는 연단 위에 올라가 예언이라도 남겼어야 했나? 미치광이가 되었어야 했나?

"또 다른 사유를 바라는 순간에도 선생님은 결국 사유에 빠져 있는 셈이지요."

"어찌할 수가 없지 않나. 나도 어떻게 할 수가 없는걸. 사유는 나의 정부情婦, 나를 온전히 쥐고 흔드는 여자와 같지. 나도 이따금 그녀에게서 벗어나고 싶지. 나 아닌 다른 사람이 되고 싶기도 하고. 심지어 더 이상 생각이라는 걸 안 했으면 하고 바라기도 한다네. 하지만 내가 꿈꾸는 다른 사람이라는 존재조차도 나 자신으로부터 출발한 상상에 지나지 않는걸. 나는 나를 벗어날 수 없어. 플라톤은 이미 이 문제를 소크라테스의 입을 통해 다룬 바 있지. '달리 어떻게 가능하단 말인가?' 하고 말이야. 자네도 알고 있겠지."

"만약 스스로를 벗어날 수 있다면 어디로 가실 건데요?"

"내가 여전히 내 안에 있는데 그걸 어찌 알겠나?"

준비가 됐다. 적절한 시기가 왔고 준비도 끝났다. 아인슈타인은 1879년에 태어났다. 당시는 전기가 역사의 무대에 결정적으로 진입한 시점이었다. 1879년은 에디슨이 백열전구를 내놓은 해이기도 했다. 머지않아 전구는 수천, 수만 가구의 밤을 환히 밝혔다.

인간이 만들어낸 빛의 어머니라 할 수 있는 전기는 인류가 오랫동안 기다려온 에너지였다. 전기는 석탄처럼 무겁지도 않으면서 더 실용적이고 수송이 쉬우며 거의 무제한적으로 보이기까지 했다. 곧 사람들은 전기를 '요정님'처럼 생각하게 되었다. 또한 전기는 물리학자들에게 새롭고 기이한 질문들을 제기하게 해주었을 뿐 아니라 예전에는 실행하지 못하던 무수히 많은 시험들을 가능하게 해주었다.

전기는 자기와 결합하여 전자력을 형성한다. 그리고 전자력은 전기와 더불어 세계에 대한 또 다른 설명들을 제공한다. 이 설명들은 점점 더 낡은 기계론적 개념들과 대립하게 되었다. 그리하여 19세기에 거대한 투쟁이 시작됐다. 맥스웰 대 뉴턴. 결정적인 투쟁이었다. 두 개의 이론이 맞붙었지만, 어느 한쪽을 비판할 수는 없었다.

알베르트 아인슈타인은 대단히 좋은 타이밍에 등장하여 선견지명을 갖고 물리학을 선택했던 셈이다. 아마도 그는 젊은 시절부터 물리학적 지식의 거대한 도약이 이루어지고 있음을, 모든 것이 물질 그 자체를 통해 결정될 것이라는 점을 감지했을 것이다.

그런 사람이 아인슈타인 혼자만은 아니었다. 플랑크, 민코프스키, 푸앵카레Henri Poincaré, 로렌츠Hendrik Lorentz, 러더퍼드Ernest Rutherford, 슈바르츠실트Karl Schwarzschild, 랑주뱅, 그 밖에도 10여 명의 연구자들이 당시 똑같은 문제에 매달려 있었다. 그들의 견해는 때때로 달랐다. 그들은 저마다 자기 분야에서 거의 비슷비슷한 시기에 한편으로는 기계론의 고전적 개념들을 궁지에 몰아넣고 다른 한편으로는 자기磁氣를 연구하면서 쾌거를 이룩했다.

그러나 오직 아인슈타인만이 —무엇 때문인지는 모르지만— 어떤 보완적인 직관의 씨앗을 뿌릴 수 있었다. 그는 처음부터 훨씬 폭넓고 통합적인 비전, 좀더 자유롭고 유연한 지성, 정신적 활동과 사유의 모험에 대한 취향을 갖고 있었다. 한마디로, 준비된 인재였던 것이다.

그리고 그의 특별한 직관, 타고난 자질은 금세 사그라지지 않았다. 1924년, 아인슈타인의 명성이 절정에 도달했을 때에 그는 인도의 물리학자인 보스Satyendra Nath Bose라는 사람에게서 한 통의 편지를 받았다. 그것은 그때까지 규명되지 않던 어떤 문제, 즉 아인슈타인이 존재를 확신하던 빛의 입자—우리가 광자光子라고 부르는—의 통계적 조사에 관련된 것이었다. 보스는 광자가 '무분별한(개별적으로는 식별되지 않는)' 사물로 연구되어야 한다고 믿었다. 광자는 새로운 양자물리학의 법칙에 따르며 고전적인 방법론으로는 연구될 수 없다는 것이었다.

"광자들은 다른 것과 같은 물리적 대상이 아니다." 이것이 보스의 말이었다. 그러므로 우리는 광자를 연구하기 위해 또 다른 물리학을 필요로 한다는 것이었다.

아인슈타인은 이 주장에 가담했다. 그는 브라운과 플랑크의 주장에 대해서 그러했듯이 보스의 주장 역시 폭넓게 적용했다. 그는 과감하게도 광자의 속성이 물질의 다른 구성 요소들, 다른 소립자들에게도 적용될 수 있으리라 생각했다. 이러한 소립자들을 오늘날에는 '보손boson'(일명 보스입자)이라고 부른다. 보손은 '페르미온(이탈리아어 '페르미Fermi'에서 따온 이름 페르미입자라고도 한다)'과 달리 서로 결합하며 작용하는 소립자이다. 아인슈타인은 보스입자로 구성된 기체를 분석함으로써 양자이론이 빛은 물론 물질에도 적용될 수 있음을 보여주었다.

아인슈타인이 양자이론의 초석을 놓은 과학자들 가운데 한 명이라는 점에는 이견이 있을 수 없다. 그의 정신은 세계의 통일이라는 원대한 꿈을 향해 나아가고 있었다.

◆◆◆

붕괴된 절대불변의 법칙

그들이 세 번째 문을 닫고 방으로 돌아오자마자—적어도 아가씨가 느끼기에는 그랬다—첫 번째 문, 그러니까 대기실 쪽 문이 벌컥 열리면서 뉴턴이 나타났다. 버클 달린 구두를 신고 길고 검은 케이프를 두른 뉴턴은 방 안으로 성큼성큼 들어왔다. 그는 기다릴 만큼 기다렸고(수 세기 전부터의 기다림 아닌가!) 할 말도 많기 때문인지 조급하고 짜증을 내는 사람처럼 보였다. 그의 가발은 왼쪽으로 살짝 기울어져 있었다.

그러니까 특수상대성이론이니 일반상대성이론이니 양자역학이니, 게다가 얼마 전부터 골치를 아프게 만드는 그 빌어먹을 끈이론과 초끈이론이니 하는 것들은 도대체 무슨 소리인가? 또, 이것

혹은 이것의 정반대이기도 하다는 빛이란 녀석은 무엇인가? 모든 물질에서 찾을 수 있다고 하는 에너지는 뭐지? 누구를 놀리고 있는 건가? 이제 과학자들은 나, 뉴턴의 머리 꼭대기에서 놀고 있는 건가? 3차원의 공간? 그래, 그건 알겠다. 3차원에 대해서는 나도 이미 알고 있다. 3차원은 모든 것의 기본이지. 그리고 4차원은 시간의 차원이다. 이 모든 것들이 합쳐져서 소위 '시공간'을 이룬다고? 그래, 그 시공간이라는 희한한 괴물은 도대체 뭐란 말인가? 그런 게 정말로 필요할까? 어디 가서 그걸 찾는담? 시공간은 어떻게 상상하고 어떻게 다루어야 하지? 그건 일종의 상상적인 괴물, 그러니까 토끼 머리에 잉어 꼬리가 달린 희한한 존재가 아닐까? 설명을 해줄 텐가, 말 텐가?

두 사람은 영어로 대화를 나누었다. 두 사람이 만나서 이렇게 말싸움을 하는 것은 처음이 아님은 분명해 보였다. 아인슈타인은 정중하지만 단호하게 이것저것 설명을 했다. 능히 짐작할 수 있는, 이 영국인 저명인사의 민감한 부분은 건드리지 않으려고 애쓰는 모습이 역력했다. 아인슈타인은 인간들이 만들어낸 체계가 임의적으로 정의된 것이며, 우리 모두 그 점을 인정해야만 한다고 주장했다. 자신도 뉴턴과 몇몇 사람들처럼 그 체계의 잔재를 조금은 뒤집어쓰고 있지만 말이다. 그러므로 자기도 조만간에 물러나게 될 것이고, 자기 생각들은 낡은 것들로 취급될 것이라고 했다. 어쨌든 부분적으로는 말이다. 제한적 상대성과 일반상대성도 양자역학이나 장場

이론처럼 언젠가 구시대적 관념들의 박물관에 들어가게 될 것이다. 그러나 완전히 죽지는 않으리라. 위대한 관념은 결코 죽지 않는다. 한 시대의 상상력, 소위 천재라고 일컬어지는 위대한 영혼의 직관은 반드시 일부나마 영원히 살아남는다.

아인슈타인은 뉴턴에게 '천재'라는 표현을 썼다. 이 말에 방문객은 마음이 약간 풀렸는지 친히 자리에 앉기까지 했다. 아인슈타인은 아주 사근사근하고 달래는 듯한 태도로(그러는 자신의 생각도 언젠가 사라져버릴 거라고 생각하는지 어쩐지는 알 수 없었지만) 뉴턴에게 1665년에서 1666년에 이르는 소위 '기적의 해annus mirabilis'를 환기시켰다. 뉴턴 자신의 고백에 따르면, 그는 이 시기에 일종의 물리학적 기적을 경험했다. 지극히 높은 곳에서 내려준 선물 같은 사건, 아마도 아인슈타인이 갑자기 엄청난 업적들을 쏟아낸 1905년에 비견할 만한 사건이리라. 그렇게 수확이 유난히 풍성한 해가 있는 법이다.

아인슈타인은 뉴턴이 연금술의 미로에 빠져 지내던 나날들에 관한 이야기는 언급하지 않고 넘어갔다. 당시에는 뉴턴도 다른 사람들처럼 연금술에 매달리고 있었다. 대신, 아인슈타인은 뉴턴의 중력이론에 얼마나 경의를 표하는지 고백하고 싶다는 듯한 태도를 보였다. 그는 중력이론이 아직도 세계의 어떤 측면들, 혹은 모든 측면들에 대해서 적용될 수 있다고 진심 어린 어조로 말했다. 너무나 보편적으로 받아들여지기 때문에 아직도 '고전'이라고 할 수 있는

뉴턴

이론이라고, 뉴턴은 노벨상을 네다섯 번 받아도 시원찮다고, 그 점에는 의심의 여지가 없다고 했다!

하지만 우주가 신의 뜻에 따라 서로 부딪히는 작은 공들로 이루어져 있다는 말은 어떻게 받아들여야 할까? 뉴턴은 서로 끌어당기는 물체들이 반드시 부딪히라는 법은 없음을 간파했다. 그는 중요한 힘, 우리가 중력이라고 부르는 상호작용의 존재와 영향에 대해 놀랍도록 감지했다(아인슈타인은 '놀랍도록'이라는 표현을 아주 은근한 어조로 강조했다). 하지만 뉴턴은 이 작용이 거리를 둔 상태에서도 즉각적으로 일어나는 것으로 가정한 반면, 광속은 대단히 빠르기는 해도 속도가 제한되어 있다고 보았다. 그런데 광속에 한계가 있다고 해서 거리 차이 없이 즉각적·동시적으로 작용한다는 것은 불가능하다. 뉴턴은 적어도 그 점만은 인정했어야 했다!

뉴턴은 그처럼 뛰어난 첫 걸음을 떼었으니 좀더 멀리 나아갔어야 하지 않았을까? 어째서 우리는 다름 아닌 우리가 개척한 길을 좀더 열심히 나아가지 않는단 말인가?

아인슈타인은 상대성이론이 위대한 스승의 중력이론을 논리적으로 확장하고 발전시킨 데 지나지 않다고 단언했다! 아인슈타인은 또 이렇게 말했다(마침 이 대목은 아가씨도 알아들을 수 있었다).

"아이작, 그래도 나는 결코 세계의 현실적인 존재를 부정한 적은 없습니다! 결코 그런 적은 없고말고요! 나는 그저 지금으로서는 절대적 준거체계를 찾을 수 없다고 말했을 뿐입니다! 그 말이 어떻게 세계의 존재를 부인하는 게 됩니까? 내가 변하는 것만 좋아한다고요? 나는 오히려 변치 않는 굳건함만을 추구해왔습니다! 내가 당신에게 몇 번이나 말해야 합니까? 우주는 부조리하지 않아요, 다만 상대적이라는 거죠!"

그들은 칠판에 그래프를 그려가면서 기술적인 차원의 토론을 했다. 아인슈타인은 몇 번이고 되풀이해서 상세한 설명을 해야만 했다. 그는 아주 신중하면서도 끈질긴 인내심을 발휘하는 듯 보였다. 그는 모든 문제를 다루어주었다. "당신은 쉽게 이해하실 수 있을 겁니다."라든가 "당신이 이미 말씀하셨듯이", "당신의 연구 덕에 이걸 발견할 수 있었지요." 등등 온갖 달콤한 사탕발림도 빼놓지 않았다.

아가씨는 영어를 알아들을 수 있었기 때문에 두 사람의 이야기를 귀 기울여 들었다(아가씨는 프랑스인이다—옮긴이). 하지만 자신은 도저히 따라잡을 수 없을 것 같다는 기분이 들었다. 그녀는 자신이 지금 정말로 특별한 만남에 동석하고 있음을 이해했다. 온갖 뛰어난 지성의 소유자들이 이런 만남에 함께하고 싶어 안달할 것이다. 가히 물리학의 최고봉이라고나 할까. 하지만 무슨 소용이람? 이 만남에 동석했다는 특권에서 무슨 이득을 끌어낼 수 있담? 어떻게 두 사람의 대화에 끼어든단 말인가? 이를테면, 자기 같은 일반인이 '수성의 근일점' 같은 용어를 어떻게 알아듣는단 말인가? 두 사람이 말하는 에너지가 정확하게 같은 것인지 어떤지도 모르겠는데? 아인슈타인은 말하기를 뉴턴에게는 자기가 즐겨 쓰는 엘리베이터나 비행기의 예를 적용하기가 힘들다고 했다. 그러면 '양자', '중성자', '전자력', 파상의 '광자' 같은 단어들을 쓰는 것도 뉴턴의 눈썹을 분노로 꿈틀거리게 하지 않겠는가?

아인슈타인은 될 수 있는 대로 뉴턴의 비위를 맞추면서 미소와 호의를 잃지 않았다. 그러다가 문득 아가씨가 그 자리에 있음을 깨달았는지, 이 위대하고 대단한 당대 최고의 학자가 놀라운 발견을 해냈다고, 그는 대단히 주목할 만한 세계의 체계를 수립했지만 그럼에도 불구하고 아쉬운 점이 있다고 그녀에게 말했다.

"뭐라고? 아쉬운 점이 있다고?" 뉴턴이 항의했다.

"당신도 당신의 추론에 문제가 있음을 잘 알고 계셨지요. 하지만 그 문제를 어떻게 설명해야 할지 모르셨을 겁니다. 당신은 '나는 어떤 가설도 세우지 않는다.'라고 말하셨지요. 하지만 그 말은 사실이 아닙니다. 인정하세요! 거리를 두고 동시에 일어나는 작용이라는 것 자체가 가설이잖습니까! 기억하시겠지만, 당신은 심지어 신까지 동원하셨지요? 이따금 신께서 이것 혹은 저것을 바로잡기 위해 개입한다고 하셨잖습니까."

"그랬지. 그래서?" 뉴턴이 대꾸했다.

"우리는 더 이상 그런 개입을 받아들일 수 없어요." 아인슈타인이 말했다.

"왜지?"

　"제 표현이 마음에 들지 않더라도 용서하십시오. 신이나 그분의 연장통 따위는 더 이상 통하지 않는다고요."

　"아니, 왜? 이유를 말해보라고! 그렇지만 자네는 신을 버리지 않았잖은가?"

　"세계의 형성과 조직에 관한 한 그렇다고 생각합니다."

　"뭐야? 자네들은 완전히 정신이 나갔구먼!"

　"어쩌면요."

　"그럼, 세상을 창조한 것이 신이 아니란 말인가? 신이 세상을 창조하고 조직했다는 사실을 부정하는가?"

　"우리는 더 이상 그런 식으로 세상을 보지 않습니다. '창조'라는 말 자체를 그다지 쓰고 싶어하지 않아요."

　"아, 그래? 어째서?"

　"우리가 사는 세상은 어느 한 순간에 이루어진 게 아니니까요. 우리는 아직 어디서 이 세상이 솟아났는지, '빅뱅' 이론이 옳은지 등등에 관해서 확실히는 모릅니다. 하지만 우리 모두가 동의하는 한 가지가 있지요. 오늘날 우리가 알고 있는 것들이 나타나기까지 수백만 년, 수천만 년의 시간과 별들의 구름, 별에서 나오는 가스들의 혼합체, 무리지어 쏟아지는 소립자들이 필요했다는 점이 그것입니다. 그리고 한참 뒤에는 생명의 형태들이 차례차례 조금씩 변화를 거치며 나타났겠지요. 그 중 많은 것들은 도중에 멸종되어 버렸을 겁니다……. 간단히 말해서, 이건 아주 길고 오랜 시간 동안 진행된 역사란 말입니다. 존경받으실 만한 위대한 선생님, 선생님의 시대에는 이러한 역사를 상상할 만한 방도가 달리 없었겠지요."

"자네들은 창조주 하느님을 제거해버렸네. 그러면 신의 자리를 무엇이 대신하는가?"

"우리는 그것을 힘이라고 부르지요."

"내가 말하는 중력과 같은, 그런 힘 말인가?"

"예. 중력도 그 중 하나지요."

"그래, '하느님을 대신하는' 힘들로는 어떤 것들이 있나?"

그러자 아인슈타인은 여전히 다정하고 참을성 있는 태도로 전력, 자력 등에 대해 설명했다. 뉴턴은 그 작용 원리를 금세 알아듣는 것 같았다. 그리고 아인슈타인은 회중전등을 보여주면서, 그것이 어떻게 작동하는지 설명해주었다. 뉴턴은 회중전등을 받아서 불을 켜보고 다시 꺼보기도 했다. 그는 상황을 납득했다. 달리 어쩔 수 있겠는가? 게다가 아인슈타인이나 그 밖의 사람이 그에게 전기에 대해 설명해준 일은 이번이 처음도 아니었다.

"하지만 저분이 좀 깜박깜박하시거든." 아인슈타인이 아가씨에게 프랑스어로 조용히 귀띔해주었다. 그는 아무것도 모르는 아이처럼 순진한 척하고 있었다. 마치 장난감을 갖고 노는 아이처럼 천연덕스러웠다.

어쨌든 전력이란 그런 것이다. 뉴턴은 전력을 이용하는 물체를 만지고 있었다. 그는 자기磁氣에 대해서는 이미 알고 있었다. 이미

쇠의 줄밥을 가지고 자석을 다루어본 경험이 있었으니까. 아이들은 자석을 가지고 놀기를 무척 재미있어한다. 그들은 '자기'에 대해서는 의견의 합일을 보았다. 아인슈타인은 자신이 겨우 네 살쯤 되었을 때에 나침반을 보고 마음을 홀딱 빼앗겼던 이야기를 해주었다. '어째서 자석바늘이 항상 똑같은 방향을 가리킬까? 어떤 보이지 않는 힘이 바늘을 잡아당기는 것일까?' 하고 말이다.

　뉴턴은 잠시 아인슈타인의 이야기를 들었다. 그는 간단한 설명을 몇 마디 듣고 나자 금세 전력과 자력이라는 두 가지 힘이 결국은 전자력이라는 하나를 이룰 수밖에 없음을 이해했다. 여기까지는 아무 무리기기 없었다. 아인슈타인은 19세기 말에 이미, 신진과학자들 대부분은 언젠가 전자력만으로 세계의 행보와 일관성을 설명하기에 충분하리라고 생각했다고 말했다(혹은, 그 사실을 일깨워주는 것 같았다).

　"그러면 중력은 포기한 건가?" 뉴턴이 물었다.

　아인슈타인은 대답을 하지 않는 쪽을 택했다. 어떻게 뉴턴에게 휘어진 시공간을 고려하는 일반상대성이론이 중력법칙의 새로운 해석에 지나지 않는다고 말할 수 있겠는가? 어떻게 그에게 새로운 우주로의 길을 열어준단 말인가? 또 새로운 물질은 어떻게 소개해야 하나? 뉴턴에게 감히 사물들 자체가, 예를 들어 지구나 그 밖의 어떤 천체가—하늘에 던진 돌, 나무에서 떨어지는 사과 따위도—엄밀하게 말하자면 시공간을 변화시키는 것이라고 설명할 수 있겠는가? 과연 뉴턴은 이런 이야기들을 이해할 수 있을까? 아인슈타인은 '동시에'라는 것이 환상에 지나지 않는다고 감히 말할 수 있을런가?

무수히 많은 세계들? 결정적인 불확실성들? 아인슈타인은 이런 문제들은 피하고 싶었다. 적어도 지금 이 순간만큼은 말이다. 하지만 원자 문제만큼은 둘러갈 수 없다. 원자는 처음 등장하고 난 뒤—원자 이야기는 오래 전부터 해왔고, 뉴턴도 원자의 존재는 인정했다—기나긴 침체기를 끝내고 19세기 말경에 본격적으로 물리학의 무대에 나타나 위력을 과시했기 때문이다.

그런 이야기들이 나왔다. 새로운 사물, 새로운 힘. 두 학자는 서로 만나기 시작한 이래로 강한 핵력이니 약한 핵력이니 하는 문제가 나오면 상대의 말을 알아듣는 데 어려움을 겪었다. 도대체 문제가 뭐람? 뉴턴은 원자핵이니 소립자니 하는 단어들이 나오자 눈썹을 더 찌푸렸다. 그는 귀찮은 날벌레들을 쫓듯이 한 손을 휘휘 저으며 손사래를 쳤다.

그들이 이런 이야기를 하는 것은 처음이 아니지만, 뉴턴은 원자핵과 관련된 이야기를 도통 이해하지 못했다. 원자핵의 상태를 유지하는 어떤 힘, 그리고 소립자들의 분열을 제어하는 또 다른 힘? 뉴턴이 듣기에는 이 모든 이야기가 다분히 의심스러웠던 것이다. 왜 두 가지 힘이 있지? 그 힘들은 어떤 수준에서 작용하지? 어떻게 그 힘이 나온 건데? 그들에게 필요한 에너지와 원동력은 어디서 끌어오는 것이지? 게다가, 이 모든 것이 과연 확신할 만한 이야기일까? 아인슈타인은 이 물음에 대해서는 자신 있게 그렇다고 말했다. 자신이 아주 약간 관여하는 물리학 분야이기는 하지만, 그에게 과학적으로 입증해 보일 수 있다고도 했다. "우리는 모두 의견 일치를 보았습니다. 적어도 이 문제를 연구하는 과학자들은 모두 동의했지요. 오늘날에는 아주 확실한 지식으로 여겨지고 있습니다." 아인슈타인이 말했다.

또한 그는 언젠가는 (자연의 가장 근본적인) 네 가지 힘들을 하나로 통합할 수 있으리라는 원대한 꿈에 대해서도 말했다. 강한 핵력, 약한 핵력, 전자력, 중력—중력이 네 가지 힘 중 하나이므로 뉴턴은 결코 인류에게서 잊혀지지 않으리라—이 하나로 통합되는 꿈.

세계를 이끄는 단 하나의 힘? 아인슈타인은 "그렇죠, 모두가 그렇게 꿈꾸고 있어요. 위대한 과학자들은 통일을 꿈꾸지요. 혼란과 뒤죽박죽의 시대는 끝나고 세계를 풀어줄 열쇠, 물리학적인 '현자의 돌'을 찾는다고나 할까요. 하나의 공식으로 정리할 수 있는 하나의 힘. 다른 힘들은 그 힘의 여러 가지 단면들 중 하나가 되는 것이지요. 여러 가지 징후로 나타나는 무한한 힘이라고나 할까. 어쨌든 지금은 아쉬운 대로 '만물이론'이라고 불리고 있지요."라고 했다.

뉴턴은 이따금 머리를 설레설레 흔들었다. 그는 믿을 수 없다는 듯한, 아니 걱정스럽다는 듯한 표정이었다.

"하지만 그렇다면 어째서 이렇게 뒤죽박죽 얽혀 있는 것일까? 지금과 같은 분할 상태는 어찌 된 일일까? 내가 세운 체계는 대단한 것이지! 몇 가지 세부 사항은 완벽하게 들어맞아! 실제로 세계는 그렇게 작동하고 있다고! 그리고 신은 여전히 제1원인이시며, 그것이 우리 모두의 기쁨이지! 중력을 매개로 하여 세계가 운행되는 원리를 설명하기에 내 체계는 부족함이 없네! 게다가 진정한 종교를 통해 영혼의 평화를 보장하는 데에도 안성맞춤이지! 그런데 무엇 때문에 여기서 더 나아간단 말인가?"

"더 이상은 그런 식이 통하지 않으니까요. 그게 다입니다. 우리는 선생님께 반기를 들고 싶은 마음이 조금도 없습니다. 단지 우리는 더 많은 것을 요구하게 되었지요. 그뿐입니다. 우리의 도구는 더욱 완전해졌습니다. 선생님, 선생님의 계산은 여전히 유효합니다. 예를 들어, 무거운 물체들, 선생님은 보지 못한 비행기나 기차 같은 물체들에 대해서 여전히 잘 맞아떨어지지요. 그러나 다른 차원들에 대해서는 그렇지 않아요. 선생님의 중력이론은 제 이론의 근사치에 불과하지요. 우리가 볼 때 선생님의 주장들 중 일부는 다소 불완전하거나, 눈에 보이는 대로의 관찰이나 실험을 지나치게 단순하게 받아들인 결과 같습니다. 그 점은 인정하셔야 합니다. 더구나 세계는, 혹은 우주라고 해도 좋습니다, 선생님과 선생님 시대 사람들이 아는 것보다 훨씬 더 복잡하고 무한하게 광대하단 말입니다."

"그러니까 다시 말해서?"

아인슈타인은 땅이 꺼져라 한숨을 쉬었다. 뉴턴은 잊어버린 척하는 걸까, 아니면 정말 전에 해준 이야기를 까맣게 잊은 걸까?

이제 두 사람이 이런 순간을 얼마나 많이 겪었을지 짐작이 되고도 남았다. 영원하다고 믿었던 법칙이 최근 들어 붕괴했다. 우주의 영원한 안정성이나 시간·공간 개념들은 무너졌다. 뉴턴은 측량할 수 없는 어떤 힘이 갑자기 공간의 모든 사물들을 앗아간다 해도 사물들에 앞서 존재하는 절대공간Espace은 그 자리에 남는다고 굳게 믿고 있었다. 절대시간 속에 놓인 거대한 빈 상자 이론도 믿고 있었다. 완전한 무, 곧 절대적인 진공 속에서도 절대시간은 계속 '존재'한다고 믿었던 것이다. 비록 드러나지 않을지라도, 크든 작든 아무 사물도 그 시간에 속하지 않을지라도 어쨌든 존재하기는 한다고 믿었다.

그런데 시간과 공간에 대한 아인슈타인의 견해는 달랐다. 뉴턴에게 그 점을 이해시키기란 여간 어려운 일이 아니었다. 아니, 뉴턴은 귀 기울여 들으려고 하지도 않았다. 뉴턴은 아인슈타인이 제시하는 방정식들을 다 이해하지 못했고, 그래서 더 화가 났다. 그는 가발을 벗고 대머리를 드러낸 채 땀을 닦았다. 서둘러 다시 쓴 가발은 방향이 삐뚤어졌다. 뉴턴이 물었다.

"이 모든 희한한 가설들에 대해서, 변덕스럽고 이해 안 되는 소립자들에 대해서, 진공 아닌 진공에 대해서, 휘어지는 시간과 부피 없는 공간에 대해서 다른 식으로 설명해줄 수는 없나? 어쨌든 내가 자네에게 이렇게 요구할 수는 있다고 생각되네만!"

"그럼요, 친애하는 아이작 선생님. 몇 가지 제시해드릴 수 있을 것 같습니다. 결정적으로 수립된 건 아무것도 없으니까요. 그리고 선생님은 반드시 저희를 도와주실 수 있을 겁니다. 자, 이걸 좀 보세요. 장담하건대, 이 책에 아마 흥미를 갖게 되실 겁니다."

아인슈타인은 책과 잡지를 한 아름 꺼내어 뉴턴에게 안겨주더니 그를 살짝 문 쪽으로 밀면서 이렇게 말했다. "혹시 이 책에서 이해가 안 되시는 부분이 있거든, 특히 수학과 관련해서 이해가 안 되면 주저하지 마시고 다시 찾아오십시오. 저도 일급 수학자는 못 되지만 최선을 다해서 도와드리겠습니다. 자요, 이 책도 가져가세요."

뉴턴은 아인슈타인이 이끄는 대로 나갔다. 그는 약간 투덜대면서 책과 학술지들을 안은 채 대기실로 돌아갔다. 그 중 몇 권이 땅에 떨어졌지만 뉴턴은 그 사실도 깨닫지 못했는지 그냥 걸어가고 있었다.

■ ■ ■

이제 아인슈타인은 다시 아가씨와 단 둘이 있게 되었다. 그러고는 뉴턴과 대화를 또 시작했다가는 영영 끝이 안 날 것 같았노라고 말했다.

"시간을 쥐고 흔들 수 없다는 불가능성, 그러니까 시간을 정확

하게 측정하고 한계 지을 수 없으며 공간에 어떤 형태도 부여할 수
없다는 사실이 지금까지 나를 이끌어주었지. 그리고 나만 그런 것
도 아니었다네. 이런 식으로 '시공간'을 상상하고 그 틀에서 추론
을 전개한 학자들은 나 이외에도 많아. 그로써 모든 것이 좀더 간단
해지지는 않았을지 모르지만 그래도 타당성을 더 얻게 되었지."

"그 문제에 대해 좀더 이야기해주실래요?"

"시간이 없다네. 게다가 자네가 알아듣기 힘든 도식을 건드려
야 이야기가 되거든. 그래서 설명하기가 좀 곤란한데."

"제가 이해 못할 거라고 생각하세요?"

"음, 양해해주게. 수학적 지식이 뒷받침되지 않으면 이해 못할
거라고 생각하네. 자네 말에 따르면 특별히 수학적 훈련이 된 것 같
지는 않아서 말이야. 게다가 자네는 박사과정 강의를 들으러 여기
에 온 것도 아니잖나."

"그걸 선생님이 어떻게 아세요?"

"자네를 보면 알지. 자네가 이번에 나를 찾아왔다고 해서 물리
학자가 되지는 않을 것 같으이. 뭐, 그 점은 자네도 인정하겠지."

"그런데요, 뉴턴은 왜 그렇게 심기가 불편해 보였어요?"

"그는 두려워하고 있는 거야."

"무엇을 두려워해요? 자기의 영광이 무너져 내릴까봐요?"

"부분적으로는 그 말도 맞지. 뉴턴은 야심 많은 인물이었지. 그
리고 자신의 빛나는 위상을 상당히 의식하고 있었어. 그는 선대 학

자들의 연구를 전혀 언급하지 않은 인물이었지. 천문학자 훅Robert Hooke과의 갈등도 그 한 예이지. 비록 뉴턴은 훅의 연구에 대해 단 한 마디도 하지 않았지만, 훅의 연구에서 많은 실마리를 얻었던 것은 사실이야. 그런데도 심지어 영국학술원장으로 취임한 이후에는 학술원 담장에 새겨진 학자들의 이름 가운데 훅의 이름을 빼도록 조치하기까지 했다네. 그래, 정말 자기만족적이고 양보라고는 눈곱만큼도 모르는 위압적인 사람이지. 게다가 의심도 많아. 그는 라이프니츠Gottfried Wilhelm von Leibriz가 자신이 고안한 미·적분 계산법을 가로챘다고 고발했는데, 사실 그렇다고 할 만한 증거는 없었다네. 내가 뉴턴에게 똑같은 소리를 일고여덟 번씩 해도 그는 짐짓 못 알아듣는 척을 하지. 그게 다 그의 오만함을 보여주는 거야. 자네도 잘 봤을 걸세. 그 정도 되는 사람이, 실로 위대한 정신의 소유자가 그토록 커다란 영광을 누렸어. 그러니 자네가 말했듯이 자신을 신으로 착각하고 온 세계가 그렇게 알아주기를 바라게 된 것이지."

"선생님께도 그런 순간은 있지 않았나요? 영광의 순간 말이에요."

아인슈타인이 잠시 시선을 피했기 때문에 아가씨는 재차 다그쳤다.

"말씀해주세요."

"그래, 고백하지. 내게도 그런 순간이 왔었지. 이따금 사람들은 나를 비난하기도 했어. 민코프스키는 나보다 먼저 시공간 개념을 상상했지. 그 점은 나도 인정하네. 그뿐만이 아니야. 푸앵카레는 나보다 먼저, 혹은 거의 비슷한 시기에 자기 나름대로의 방식을 따라 상대성 개념을 생각했지. 그리고 내가 말은 안 했지만 로렌츠도 그런 학자들 중 한 사람이었어. 그래, 맞아."

"그런데 그게 뭐 그렇게 중요한가요?"

"중요하지 않지. 우주는 그런 일 따위는 전혀 개의치 않는걸."

"그럴 줄 알았어요. 그런데 뉴턴은 자기 자리가 위태로울까봐 엄청 두려워하는군요."

"그래, 그런 것 같구면. 두렵지 않은 사람이 누가 있겠나? 그래도 뉴던은 과학자야. 그는 사태가 어떻게 흘러가고 있는지를 알고 있지. 결국은 명백한 증거와 실험 앞에서 수긍하게 될 걸세. 광속이 제한되어 있다는 사실을 그는 받아들일 수밖에 없을걸. 아, 아니군. 또 다른 면이 있겠군."

"또 뭐가 있어요?"

"생각을 좀 해보게. 그의 이론은 3세기 가까이 살아남았어. 그건 굉장한 거지. 한 사람의 과학자로서는 신기록이라고 해도 좋을걸. 예를 들어, 나만 해도 이제 겨우 50년이 지났을 뿐이지. 그리고 이따금 나는 뉴턴처럼 그렇게 오래 인정받지는 못할 거라는 느낌이 든다네."

"무엇을 위해 선생님을 인정한단 말인가요?"

"그야 물론 연구를 위해서지. 내가 이미 말하지 않았나. 우리의 연구를 계속하기 위해서, 다른 사람들의 의견에 우리 의견을 제시하기 위해서 말일세. 뉴턴도 비록 의심에 휩싸여 있기는 하지만 내 견해에 대해 토를 달고 있지 않나. 우리는 모호한 과학을 하고 있지. 우리의 방정식은 너무나 감추어져 있어서 우리 손에 닿지 않지. 거기에 무슨 비밀이라도 숨어 있는 듯 보인단 말이야. 특히 나의 방정식은 더욱더 그래. 그래서 사람들은 고집스럽게 찾고 있어. 저기 대기실에서 기다리는 사람들도 그렇고, 나에게 편지를 쓰거나 전화질을 해대는 사람들도 그렇다네. 우리에게 주어진 것은 영원성의 흐름에서 보자면 대단한 것이 못 되지. 죽음, 그러니까 신체적 죽음에 대한 아주 작은 승리일 뿐이야. 어쩌면 아직도 살아 있다는 환상이고. 그런데 뉴턴은 과학적 토론에서 여전히 주도권을 잡고 싶어하지. 그는 이제는 더 이상 자신이 살아남을 수 없을 것 같다는 느낌이 드나봐. 자기 이론이 이미 낡았고 더 이상 먹히지 않는다는 느낌, 이제 곧 자기 이론은 해체되고 자신은 아무짝에도 쓸모없는 침묵의 무리들 속으로 들어가야 할 것 같은 느낌 말이야. 이제 다시 복귀할 수 있으리라는 희망도 없지. 과학일반사史에 있어서 몇 줄로 간략하게 소개되는 것으로 감지덕지겠지.”

“그리고 선생님도요?”

“물론이야. 과학자들은 서로를 지워가면서 발전하는 거야. 하지만 어떤 과학자든지 모든 선대 과학자들의 업적을 조금씩 밑거름으로 삼아 성장하게 마련이지.”

■ ■ ■

“선생님의 그 유명한 방정식 말인데요.”

“어떤 것?”

“온 세상 사람이 다 아는 그 방정식 말이에요. $E=mc^2$.”

“아, 그 방정식. 하지만 그것 말고도 방정식은 많은걸. 적어도 그만큼 흥미로운 방정식들은 다른 것들도 많이 있다네.”

“그런데 왜 이 방정식만 그렇게 유명한 거예요?”

“그건 말이지…… 맞아, 정말 왜 그럴까? 사람들이 게을러서 그런 건 아닐까? 이 방정식이 제일 간단해 보이잖아? 외우기도 쉽고, 음악적인 운율도 딱딱 맞고. 그리고 나도 이 방정식을 심심풀이로 세웠거든. 이 방정식은 내가 죽은 뒤에 유고에서 발견되었지. 자, 이보게.”

그는 잠시 말을 멈추더니 꿈을 꾸는 듯했다. 그러고는 다시 이렇게 말했다.

“자네에게 말해주고 싶은 것들이 참 많다네.”

“어떤 것들인데요?”

“예를 들어, 나는 에테르의 존재를 없애는 데 일조했지. 우리는 거대한 우주를 비워버렸어. 전에는 그것이 불가능해 보였는데 말이야. 우리는 보이지 않는 가상의 물질인 ‘에테르’를 치워버렸다네. 그때까지 에테르는 빛의 존재를 뒷받침하는 데 쓰였지. 마치 물이 있어야 파도가 일 듯이, 빛이 있으려면 절대적으로 필요한 것으로 여겨졌던 거야. 그런데 에테르가 대번에 증발해버린 셈이었지. 더 이상 버틸 수가 없었다고 할까. 그리고 자네에게 휘어진 시공간 이 야기도 제대로 해주고 싶군. 지금까지 그 문제는 살짝 건드리기만 했지. 우리의 위대한 전령인 빛의 입자 구성 이야기도 해야지. 우리 는 끊임없이 빛을 방출하고 반사하지. 그 빛 덕분에 우리가 지금 서 로 바라보면서 이야기도 할 수 있는 거라네."

"저도 빛을 방출한다고요?"

"자네는 빛을 받아들이고 나에게 다시 돌려보내지. 그렇지 않 으면 나는 자네를 볼 수 없을걸. 사물을 볼 수 있는 것도 그 사물들 이 빛을 방출하기 때문이야. 마치 별들이 빛을 보내듯이 말일세. 그 게 아니면 행성들처럼 빛을 받고 있기 때문에 보이는 거지. 자기가 받아들이는 광자들을 돌려보내는 거야."

"그럼요, 제가 반사하는 빛 역시 선생님에게 도달하기까지 어 느 정도 시간이 걸리나요?"

"물론이지. 어떤 빛이나 마찬가지야."

"참 간단하네요."

"하지만 결코 '동시적'이지는 않다네. 자네가 나에게 말을 걸 고 머리카락을 쓰다듬는 바로 그 순간에 내가 자네를 보는 것은 아 니야. 아주 조금이기는 하지만 어쨌든 조금은 시간차가 있는 것이 지. 그러니까 내가 자네를 보는 순간에 자네는 이미 다른 상태로 넘어가 있고 내가 보는 바와 완전히 똑같지는 않단 말일세. 다만 몇 십만 분의 1초라도 더 젊은 모습을 보고 있다고나 할까. 우리가 보는 모든 것이 마찬가지라네. 내가 아까 별들을 보면서 자네에게 '동시에 일어나는 사건들'에 대해 했던 말을 생각해보게. 그런 말은 아무 의미도 없어. '단위'라는 말이 의미가 없듯이. 1광년이 걸리든, 1나노초(10억 분의 1초)가 걸리든 어쨌든 시간차가 있단 말이야. 자네는 나에게 별처럼 떨어져 있는 셈이지."

"빛은 어디에나 있나요?"

"빽빽한 어둠 속에도 빛이 있지. 아주 미약하게 억눌려 있을지라도 말일세. 빛은 첫째가는 수수께끼지. 그리고 자네는 내가 얼마나 그 수수께끼를 좋아했는지, 지금도 얼마나 좋아하고 있는지 알걸세."

"그 점에 대해 글도 쓰셨잖아요."

"그래, 이른바 나의 신앙고백이라고 할 만한 글이었지."

그녀는 그 글을 머릿속에 떠올리며 인용했다. "인간이 할 수 있는 가장 아름답고 심오한 경험은 수수께끼에 대한 경험이다."

아인슈타인은 그렇다고, 대강 그런 내용이었다고 수긍했다. 그 글로 레코드까지 만들어졌다! 마치 가수가 음반 취입이라도 하듯이 말이다. 하지만 예술에서든 과학에서든 모든 고귀한 활동들은 어떤 수수께끼로부터 출발하는 법이다. 수수께끼는 명석한 두뇌를 자극하는 제일의 원동력이니까.

아가씨가 한마디 했다. 그렇지만 예술은 수수께끼를 더욱더 모호하게 만들고 과학은 수수께끼를 둘러싼 구름을 걷어내는 역할을 한다고.

이에 대해 아인슈타인의 생각은 달랐다. 예술이 때때로 모호함을 추구하는 것은 사실이다. 모호함을 위해 예술이 존재할 때도 있다. 하지만 예술 역시 많은 이들이 즉각적으로 경험하고 느낄 수 있을 만큼 명확한 진실에 다가가려고 애쓰고 있다는 것이다. 반면, 과학은 끊임없이 이 수수께끼에서 저 수수께끼로 방랑을 거듭한다. 과학은 어떤 새로운 빛을 발견했다고 생각한 순간에도 그것을 어떻게 받아들이게 해야 할지 알지 못한다. 어둠은 잔존하고 끈질기게 살아남는다. 어둠은 새로운 은신처를 짓는다. 여기에서 과학자들이 설명할 수 없는 것에 이끌리곤 하는 '변태적인' 취미가 나오는 것이다. 미지의 것에 대한 이끌림, 마치 광대한 땅―어쩌면 척박한 불모의 땅일지도 모르는―이 제 모습을 드러내기 위하여 세계가 기원한 순간부터 그들만을 기다린 것 같다고나 할까.

그리고 아인슈타인은 아직도 마술이나 태초에 새겨진 은밀한 비밀들, 사물이 감추고 있는 기호, 상징, 숫자 등에 대한 노스탤지어를 간직하고 있는 사람들이 있다고 말했다. 그들은 셰익스피어의 『폭풍』에서 마법사 프로스페로가 자신의 마법책을 망망대해에 영원히 던져버렸다는 사실을 잊고 있다. 매혹과 마력은 이미 저 너머로 '던져지고' 내동댕이쳐졌던 것이다. 프로스페로는 마법을 버리고 자기 집으로 돌아갔다. 바로 여기서, 17세기 초에 거대한 페이지 하나가 넘어갔다. 코페르니쿠스는 죽었고, 갈릴레이는 왕성하게 활동 중이었으며, 데카르트도 이미 세상에 태어났다. '멋진 신세계 a brave new world'가 선포되었다. 요정과 도깨비들은 사라졌다. 우리는 그들이 자연의 어느 곳으로 숨어들었는지 모른다. 선녀들은 자취를 감추었다. 그리고 최후의 마녀들은 성난 사람들에 의해 화형에 처해졌다.

하지만 우리가 이따금 구세계의 마법을 그리워한다 하더라도 적어도 지금 우리에게 무한한 영역이 펼쳐져 있음을 어떻게 깨닫지 못할 수 있겠는가? 어떻게 세계의 위대한 유혹이 이제 막 시작되었음을 보지 못할 수 있겠는가?

그는 또 이렇게 말했다. "자네에게 이렇게 말할 수도 있네. 내가 일종의 한계점, 어떤 고정된 단위로 삼고 있는 이 빛의 속도는 넘을 수 없는 것이라고."

"왜 넘을 수 없지요?"

"만약 사물이 광속보다 빠르게 움직일 수 있다면, 그래서 자네가 인용한 그 유명한 방정식대로 사물의 질량에 그 속도의 제곱을 곱한다면 그 사물의 질량은 무한해질 것이기 때문이지. 자네도 인정하겠지만 그건 상상할 수 없는 일이야."

그녀는 잠시 '무한한 질량'이란 어떤 것일까 생각했다. 그녀는 그 말이 머릿속을 맴돌도록 내버려두었다. 사실, 무한한 질량은 볼 수도, 상상할 수도 없다. 생각할 수 없는 것에 대해 아무 생각이 안 나는 것은 지극히 정상적인 일이다.

그렇지만 그녀는 다른 차원들, 다른 우주들이 있을 수 있지 않을까 생각했다. 하지만 어떻게 말해야 할지 난감했다. 결국 그녀는 거두절미하고 이렇게 물었다.

"다른 우주들도 존재하나요?"

"어떤 이들은 그렇게 주장하지. 나로서는 우리가 아는 우주만으로도 충분하지만 말이야."

"그래도요! 말씀해주세요! 다수의 우주, 선생님은 이 문제에 대해 생각해보셨지요?"

"그야 물론이지. 아마 우리는 그 지표들을 가지고 있을 거야. 어떤 증거도 없지만 우리가 보는 우주가 유일한 것이 아닐 수 있다는 가능성은 있지. 혹은, 우주는 하나이지만 다양화된 형태들이 있다고 할 수도 있을 테고. 여분의 차원들이 더 있는 우주랄까. 그 형태들 중 하나만이 우리 눈에 보이고, 우리는 그것을 유일하다고 믿고 있는지도 몰라. 우리가 보고 만지고 관찰할 수 있는 우주가 그것뿐이니까 유일하다고 생각하는 거지. 그렇다면 그 또한 착각이겠지. 우리 눈의 기만, 감각의 기만, 심지어 정신의 기만이라 해도 좋을 거야."

"그건 선생님이 하신 말씀인가요?"

"이야기를 잘 들어보게. 근본적으로 우리와 분리되어 있는 우주들이 존재한다면 우리로서는 그 우주들에 접근할 수 없다네. 그러므로 그런 우주들은 영원히 존재하지 않을 테지. 반면, 그 우주들이 우리의 우주와 연결되어 있다면, 혹은 우리 우주의 또 다른 형태라면 그때에는 하나의 우주만이 존재한다고 할 수 있겠지."

"하지만 우리의 우주와는 다른 물질들이 있다면요?"

"아, 그건 확실하지. 심지어 여러 가지가 있을 수도 있겠지. 이건 내 이야기가 아니고 다른 사람들의 이야기야. 그들은 우선 반反물질을 발견했어. 이건 이해하기가 그리 어렵지 않지. 그 다음에는 흑물질, 그리고 또 다른 '실체'라고도 하지. 어떤 용어를 채택해서 써야 할지 모르겠군. 어쨌든 이것은 우리의 물질처럼 사물을 끌어당기는 것이 아니라 밀어내는 실체란 말씀이야. 이 반물질이 세계의 전체 질량의 70퍼센트 이상을 차지할 거라고 하더군! 이거야말로 엄청난 양을 지녔으면서도 알려지지 않은 물질 아닌가! '무의 에너지'니 '검은 에너지'니, 심지어 중세의 박사들처럼 '제5원소'라고 부르는 사람들도 있다네. 나는 시공간 이야기로 이 분야가 새롭게 꽃피울 수 있도록 잘 준비해왔었지. 이 같은 난리법석, 혹은 이런 식의 변형을 기대했던 게 아니란 말이야. 때때로 나는 이 명명할 수 없는 물질이 나의 '우주론적 원리'와 크게 동떨어진 것이 아니라고 느낀다네. 그렇지만 때로는 여전히 자문을 거듭하고 있지. 하지만 물질의 다수성에 대해 논한다는 것과 다수의 우주가 존재한다는 것은 별개의 이야기야."

그는 계속 말을 이어나갔다. "오늘날 우리는 매우 복잡한 우주를 우리가 만들어낸 인위적이고 강력한 광학적 도구를 통해서 바라보지. 그럴 때면 우리는 우주가 어디로든 튈 수 있는 일종의 흥분이라는 것을, 어떤 사건도 일어날 수 있고 스러졌다가 다시 피어날 수도 있고, 어느 방향으로든 나아갈 수 있음을 깨닫게 돼. 시간도 공간도 이제 선장 노릇을 할 수 없지. 시공간도 마찬가지고. 계산도 추론도 끝이야. 우리는 아마도 지성으로 가늠할 수 있는 것을 초월한 그 무엇에 도달했는지도 몰라. 그 경계에서 비틀거리고 있는 셈이지."

"그럼, 방정식은요?"

"그래, 방정식 이야기를 했지. 글쎄, 방정식은 하나의 관념이야. 다른 모든 관념들이 그렇듯이 사방을 아무렇게나 배회하는 관념이지. 그리고 그 관념에 마침내 내가 하나의 형태를 부여한 거야. 그 방정식은 2년쯤 죽어라 연구를 한 뒤에 나왔지."

"어떤 관념을 방정식으로 만드신 건데요?"

"물질과 에너지는 동일한 것이라는 관념이지."

"다른 말로 설명한다면?"

"그때까지는 근본적으로 별개의 것으로 여겨지던 개념들, 그러니까 물질 개념과 에너지 개념을 연관지은 거라네. 사람들은 이렇게 말했지. '물질을 운동시키기 위해서는 에너지가 필요하다.'라고. 그러고는 모두들 그 에너지의 근원을 찾았어. 이것의 힘, 저것의 힘, 바람의 힘, 열기의 힘, 신의 힘…… 그런데 모든 물질에는 에너지가 있다 이거야. 예를 들어 이 얄팍한 종이 한 장에도……."

그는 종이를 한 장 집어서 바닥에 떨어뜨렸다.

"……나뭇조각, 쇳조각에도. 어디든지, 어떤 사물에든지."

"그 에너지는 어떤 수준에 있는데요?"

"물론 눈에 보이지 않는 수준에 있지. 원자핵의 수준에. 그러니까 사람들이 찾지를 못했던 거야."

"얼마만큼 있는데요?"

"그 비율은 상상할 수 없어. 원자의 차원들에 대해서는 어떤 일반적인 측정이 불가능하니까. 상상할 수 있는 가장 작은 그게 속에 충만하게 들어찬 에너지라고 해야겠지. 그러니까 나는 어떤 현상들을 설명하기 위해서 에너지(대문자 E로 표시하는)가 물질—자네가 물질보다 질량이라는 용어를 더 선호한다면 그렇게 불러도 좋겠지—에다가 빛의 속도(소문자 c로 표시)의 제곱이라는 엄청난 수를 곱한 값과 동등하다고 가정했던 거야."

"우리는 그 에너지를 사용할 수 있나요?"

그는 대답을 하기 전에 한동안 뜸을 들였다. 그러고는 시선을 피한 채 대답했다.

"벌써 사용하고 있지."

"그 에너지가 바로 원자력이지요?"

"맞았어, 원자를 핵분열시킴으로써 얻는 에너지이지. 특정 금

속의 원자핵을 분열시키는 거야."

"핵분열 연쇄반응을 일으키면서요?"

"그렇지."

◆◆◆

해결할 수 없는 물음들

또다시 침묵이 감돌았다. 아인슈타인은 시선을 떨어뜨린 채 바로 앞에 놓인 탁자를 손가락으로 소리 없이 두들겼다. 여학생은 그가 불편해하고 있음을 눈치 챘다. 아니면 신경이 좀 날카로워진 것 같기도 했다. 그녀가 물었다.

"이제 말씀하시기도 지겨우시지요?"

"그렇기도 하고 아니기도 하고. 자네도 알 테지. 아까 자네가 이 방에 들어왔을 때에 내가 넌지시 말하지 않았나. 사람들은 나를 핵무기 개발의 시초로 보고 비난하곤 한다네. 히로시마에 투하된 원자폭탄도 내 책임이라고 하지."

"사실은 그렇지 않나요?"

"내가 그 끔찍한 사태에 책임이 있다 해도 그건 아주 간접적인 책임일 거야. 내 말을 믿어주게나. 난 단 한 순간도 그런 결과가 빚어질 거라고는 생각해본 적 없다네. 내 생애 최후의 순간까지도 나는 원자핵 분열 따위는 생각지 않았어. 그런 생각은 머릿속에서 내몰았지. 심지어 그 연구가 어떻게 진행되고 있는지도 잘 몰랐다네. 자네에게 맹세할 수도 있어. 나는 평생 동안 평화를 위해 투쟁했어. 평화를 이루고 옹호하고자 힘썼지. 게다가……."

"게다가 뭐요?"

"나는 유대인이야. 아가씨도 그건 알지?"

"그 사실을 어떻게 모를 수 있겠어요."

"나는 유대교도는 아니었어. 전혀 그렇지 않았지. 유대인 가정에서 태어나기는 했지만 내가 유대인 출신이라는 사실을 별로 중요하게 여기지 않았다고 해야 할 거야. 내가 유대인임을 강하게 의식하게 된 것은 마흔 살을 전후해서였지. 그 무렵부터 유대인이라는 이유로 모욕과 비난을 감수해야 했거든. 그때까지는 자신에 대해 군복무를 피하기 위해 스위스 국적을 선택한 독일인이라고 생각했지. 그때가 오기 전까지는…… 아가씨도 들리나?"

정말로 어디에선가 독일 군가 소리, 군인들의 구령, 행군하는 군화 소리, 증오에 가득 찬 외침과 히틀러의 고함소리가 들려왔다.

"인생을 살다 보면 사람을 갑자기 얼빠지게 하는 일들이 생기곤 하지. 그런 일들은 좀체 잊혀지지 않아. 잔혹한 깜짝 선물이라고 해야 할까. 자, 이걸 보게."

그는 아가씨를 네 개의 문들 중 하나로 이끌었다. 그러고는 문틈으로 무엇인가를 조심스럽게 엿보았다.

두 사람은 문 너머의 광경을 보았다. 문 너머에는 마치 스크린에 비친 영상처럼 문서보관소의 거대한 이미지가 투사되고 있었다. 귀가 찢어질 듯 시끄러운 음향도 들렸다. 나치스의 행렬, 유대인 상점과 유대교회당 습격, 사방에서 날아오는 돌들, 산산조각 난 유리창과 공공장소에서 불에 태워져버린 책무더기 따위가 보였다.

두 사람은 한 발짝 앞으로 가까이 갔다. 아인슈타인이 아가씨보다 조금 앞에 섰다. 그녀는 길에서 불어오는 바람에 그의 긴 백발이 흩날리는 것을 보았다. 이미지는 갑자기 흑백에서 컬러로 바뀌고 훨씬 가깝게, 마치 손에 잡힐 듯 생생하게 보였다. 장작더미에서 솟아오르는 불길의 열기와 종이 타는 냄새가 그대로 전해지는 기분이었다. 종이가 잘 타지 않아서 기름을 뿌려야 했다. 사람들의 고함소리가 귓가에 쟁쟁했다. 그녀는 사람들과 부딪히고, 군중 가운데로 밀려나며, 진짜로 유리조각이 얼굴로 쏟아질 것 같은 느낌에 자기도 모르게 손을 들어 얼굴을 가렸다.

"봤나? 내가 쓴 책들도 저 가운데 있지. 프로이트, 토마스 만Thomas Mann, 프루스트Marcel Proust, 슈테판 츠바이크Stefan Zweig, 그 밖의 여러 사람들의 책과 함께. 그 책들은 모두 소각되었어. 그래, 자네는 지금 꿈을 꾸고 있는 게 아니야. 그 책들은 불에 처박혀 잿

더미로 변했다네. 너무나 야만적이고 지나친 처사이지. 바보 같은 짓이기도 하고. 엄밀하게 말하자면 미신적인 행위라고 해도 좋겠지. 프로이트나 내가 마법사나 지옥의 피조물이라도 된다는 듯이 우리의 책을 화형에 처했으니 말일세. 책을 태우면서 사상까지 태울 수 있다고 믿는 셈이었지."

그는 그녀를 돌아보았다. 그녀의 표정은 두려움에 사로잡힌 것 같았다. 그녀는 여전히 젊고 살아 있으니 자신의 몸과 생명이 위협을 당할까봐 두려워하는 것도 당연한 일이었다.

"돌아가세." 그가 말했다.

그녀는 아주 천천히 뒷걸음질을 쳤다. 두렵기는 했지만 무엇인가가 그녀의 마음을 잡아끌고 매혹하는 듯했다. 지금 자기를 둘러싼 과거의 광경, 식지 않는 증오와의 직접적 대면이 무척이나 인상적이었던 모양이다. 그는 문을 닫았다. 하지만 화재와 사이렌 소리, 고통과 분노의 신음소리, 유리창이 부서지는 소리, 휘파람 소리, 기관총을 쏘아대는 장갑차 소리의 악다구니는 여전히 메아리치고 있었다.

책상 있는 데까지 와서야 두 사람은 겨우 숨을 쉴 수 있었다. 그녀는 아인슈타인도 개인적으로 피해를 입거나 공격을 당한 적이 있는지를 물어보았다.

"일단, 나는 굉장한 모욕을 당했지. 그들은 내 이론이 부조리할 뿐 아니라 위험하다고 떠들어댔어. 심지어 '유대인 과학'이라는 말까지 들었지. 이해할 수 있겠나? 게다가 우리집 우편함에는 나를 죽이겠다는 협박편지가 수시로 날아들었다네. 나의 고국, 그러니까 독일에서는 나를 거짓말쟁이, 사기꾼으로 취급했어. 내가 독일 사람들을 미워한다는 거야!"

"그때쯤이면 선생님도 꽤 유명해지시지 않았나요?"

"그렇지. 1919년에 에딩턴이 내 이론의 정당성을 증명해준 다음부터 나는 이미 유명인사였지. 그런 일에 제일 얼떨떨해하던 사람은 다름 아닌 바로 나였다네. 신문기자들이 계속 쫓아다니고 어디를 가든 사진기가 플래시를 터뜨렸지. 거의 매일같이 그런 판국이었다네! 사람들은 무슨 신기한 동물 구경이라도 하듯이 나를 관찰하고, 나를 기다렸지. 도대체 왜 그랬을까? 난 아무리 생각해도 알 수가 없었다네. 『물리학연보』처럼 아주 소수만이 보는 전문 학술지에 실린 네 편의 논문을 도대체 몇 명이나 읽었겠나? 읽는 건 둘째 치고, 그 내용을 이해하는 사람이 도대체 몇 명이나 되었겠나?"

"에딩턴은 영국인이었잖아요. 영국은 세계대전 때에 독일의 적국 아니었나요?"

"자네는 그래서 우리 두 사람의 결합이 양국의 화해를 상징한다고 말하고 싶은 건가? 서로 맞선 두 진영의 상징이라도 되듯이? 착각하지 말게. 그 이미지에는 또 다른 이면이 있으니까. 자네 말대로 에딩턴은 영국인이었지. 그러니까 독일인의 적이었어. 독일의 수많은 소위 '애국자' 들은, 이해해주게, 난 '애국자' 라는 단어를

쓸 때마다 구역질이 날 것 같다네, 뭐라고 떠들어댔는지 아나? 어떻게 적의 말을 믿느냐, 그런 일은 있을 수 없다고 했다네. 그래서 나는 영국인이 편을 들어주었다는 이유로 더 유명해지고 의심까지 사게 되었다네."

"감시도 당하셨어요?"

"아무렴, 당하다마다. 끝도 없이 시달렸지. 감시에 대한 나의 강박증도 그 무렵부터 시작된 거라네. 난 내가 그렇게 될 줄은 몰랐어. 왜냐하면 자네도 짐작하겠지만 난 내가 정치적으로 중요한 사람이라고는 전혀 생각지 않았거든. 하지만 나중에는 남들이 내 생각과 같지 않음을 확실히 알았지. 독일 비밀 첩보 요원들이, 그리고 나중에서 미국 요원들까지 내가 신생 공산국가에 여행을 가거나 하면 상세한 보고서를 작성해서 상부에 올렸다네. 그들은 내가 공산주의자라고, 심지어 내 연구실이 공산주의자들의 본거지로 쓰인다고 주장했다네! 정말 믿기지 않는 얘기지! 나는 나도 모르는 사이에 웬 첩보소설의 주인공이 되어 있었던 거야. 그런 일이 내 평생 계속되었다는 사실을 아나?"

"어떻게요?"

"나중에, 그러니까 1930년대에 미국에서는 내가 혹시라도 독일 나치스와 관련이 있지 않을까 하는 의심이 일어났다네. 내가 히틀러의 하수인들과 끈이 닿아 있을지도 모른다는 얘기였지. 참나, 나치스는 내 책을 불살라버린 족속인데도 말이야! 반면, 독일에서는 나를 불한당, 미치광이 위험분자로 몰아갔지! 소위 '애국심'이 있다는 미국 여성들은 내가 미국으로 망명하는 걸 반대하기까지 했다네! 내가 독일인이고, 유대인이고, 어쩌면 공산당일지도 모른다는 이유를 내세워서 말이야! 그 여자들은 내가 '스탈린보다 더 위험한' 사람이라고 떠들어댔지. 정말이지, 끔찍한 일이었어. 1945년 이후에는 내가 러시아와 공모 관계에 있는 건 아닌지 심각하게 의심을 하더군. 빨갱이들과 내통하는 것 아니냐, 이런 소리가 또 나온 거야! 에프비아이FBI 비밀보고서에서는 국가기밀과 관련된 연구에 나를 기용하지 말라는 충고까지 나왔다더군. 이 끝내주는 보고서에 뭐라고 씌어 있있는지 아나? 나는 미국시민이 된 지 얼마 안 된 사람이라서 믿을 만하지 않다는 거야. 자기들이 나에게 미국시민권을 준 바로 그 해에 뒤에서는 이런 보고서를 쓰고 있었던 거지."

그는 콧수염이 들썩거릴 정도로 호탕하게 웃음을 터뜨렸다. 스스로 생각해도 자신의 인생이 우스웠던 모양이다. 웃음이 멈추자 콧수염이 다시 제자리를 찾았다.

"오랫동안 에프비아이를 이끌었던 후버Edgar J. Hoover라는 역겨운 작자는 나를 성스러운 미국령에서 내쫓기 위해서 미국인들의 여론을 조작하려고 별의별 짓을 다했지. 진실이든 거짓이든 간에, 여론만 움직일 수 있으면 뭐든지 서슴지 않았던 거야. 그들은 내가 반미조직의 수장이라고 선언했지. 나는 첩보국에서 온갖 조각들을 동원하여 짜 맞춘 상상 속의 '빨갱이 대장'이 되어 있었던 거야. 심지어 나의 충실한 비서인 헬렌 듀카스Helen Dukas까지 감시를 당했다네! 이런 이야기를 하자면 밤을 새도 모자랄 걸세. 하지만 그래봤자 나만 피곤하고 마음 아프겠지. 정말이야. 나는 인간 존재의 비참한 면모를 붙잡고 늘어지는 게 싫다네. 그리고 그런 관점에서 보자면 인류는 조금도 진보하지 못했어."

"어떤 사람들은 오히려 퇴보했다고 말할걸요."

"퇴보했다고? 아니, 아니야, 난 그렇게 생각하지 않네. 일단, 우리는 더 이상 나빠질 수도 없는 최악의 상태까지 왔어. 내 생각은 그들과 달라. 세계에 대한 지식이 진보할수록 정신적으로는 퇴보한다? 아냐, 난 그렇게는 생각하지 않아. 그건 아닐세."

"아무도 과학이 반드시 인간을 나쁘게 만든다고 생각하지는 않아요." 아가씨가 다시 말했다. 그녀는 문득 이 주제에 대해 희미하게나마 문제의식을 느꼈다. "우리는 다만 두 가지 흐름이 공존한다는 것을 확인할 뿐이지요. 지식에 있어서의 발전이라는 흐름과 공포의 증가라는 흐름 말이에요."

"공포는 예전과 마찬가지인걸. 다만 그 공포가 사용할 수 있는 수단이 늘어난 거야. 그게 다이지."

"그건 선생님 책임이기도 하지요."

아인슈타인은 말없이 그녀를 바라보았다. 그는 이제 웃을 마음이 완전히 사라진 듯 보였다. 그는 이렇게 물었다.

"내 책임이라고? 정말로 그렇게 생각하나?"

그녀는 어깨를 살짝 으쓱해 보였을 뿐, 아무 말도 하지 않았다. 그러자 아인슈타인의 시선이 먼 데를 향했다.

■ ■ ■

1930년대 초, 독일은 바이마르 공화국 체제에 있었다. 1918년에 호헨촐레른 가家의 마지막 황제인 빌헬름 2세가 왕위에서 물러났고, 그 이후 수립된 공화국에서는 갈수록 우파가 기승을 부리고 있었다. 공화국은 위기 상태에 빠졌다. 1929년 뉴욕증시의 대폭락은 전 세계 경세를, 득히 독일 경제를 엄청난 혼란에 빠뜨렸다. 살인적인 인플레이션, 국가신용도의 치명적 추락, 추악한 원한, 온갖 종류의 고발, 무서운 복수심 등이 독일을 지배했다. 특히 패전한 독일이 받아들여야만 했던 '치욕적인' 베르사유 조약에 대한 불만이 무섭도록 팽배했다. 요컨대, 괴물이 등장하기에 더없이 좋은 분위기가 무르익고 있었던 셈이다.

불안, 긴장, 의심, 비난, 숨겨진 야심이 숨쉬기도 힘들 만큼 강하게 치밀어 오르는 가운데, 아인슈타인은 어느 날 갑자기 학자로서의 명예를 인정받았다. 비록 자신은 이유를 모르겠다고 하지만, 그래도 그는 자신이 정당하다고 생각하는 대의를 위하여 자신이 가지게 된 명예를 사용하려고 했다. 그는 친한 친구들에게 히틀러는 독일의 텅 빈 위장, 즉 빈곤으로부터 권력을 이끌어내고 있다고 비난하곤 했다.

아인슈타인은 여기저기에 모습을 보였다. 예를 들어 1930년만 해도 베를린에서 라디오박람회의 개회 연설을 했고, 총리에게 초대를 받았으며(때로는 친구인 막스 플랑크와 함께), 수많은 정부각료들을 만났고, 솔베이 회의에도 참석했다. 공업화학자로, 탄산나트륨(소다)의 새로운 제조법을 발견해 엄청난 재산을 모은 벨기에의 화학자 솔베이Ernest Solvay의 이름을 따서 1911년부터 시작된 솔베이 회의는 전 세계에서 가장 두각을 드러내는 과학자들을 한자리에 모았다. 아인슈타인은 이 회의에서도 일약 스타로 떠올랐다. 그는 많은 강연회를 열었고, 반유대주의에 대한 자기 나름의 저항을 보여 주기 위해 유대교회당에서 바이올린을 연주하기도 했다. 당시 독일과 오스트리아에는 이미 반유대주의가 팽배해 있었다. 그는 모금 운동과 서명 운동에 동참했다. 또 과학이 사회적으로 유용하게 쓰일 수 있다고 믿으며 새로운 교육 방식이 채택될 수 있도록 나름대로 최선을 다해 지원했고, 인권 운동 모임에도 자주 얼굴을 비쳤다.

1922년, 그는 일본을 여행했다. 여행 도중에 스웨덴 한림원에서 노벨물리학상 수상자로 최종 결정되었다는 내용의 전문을 받아보았다. 군중은 마치 예언자를 추종하듯 그가 어디에 가든지 소리 없이 따라다녔다. 여론은 그가 자연계의 비밀들을 일부 밝히는 데 성공했다고—비록 그 비밀들이 명백하게 소통될 수 있는 것은 아닐지라도—떠들어댔다. 아인슈타인은 인간을 둘러싼 위험스러운 미스터리를 정복했음을 상징하는 가장 최근의 인물이 되었다. 그의 이름을 들먹이는 사람들은 으레 '천재'라는 표현을 썼다. 아인슈타인은 '공식적인 천재'가 되었다.

포츠담에는 그의 이름을 딴 아인슈타인 타워가 들어섰다. 그후로 몇 년 뒤에는 뉴욕 리버사이드의 한 교회 문에는 모세, 칸트, 밀턴, 다윈, 데카르트, 베토벤, 토마스 아퀴나스 같은 성인 및 역사적 인물들과 함께 그의 초상이 새겨졌다. 목사의 초대로 교회를 방문한 아인슈타인은 그 문에 새겨진 위인들 가운데 생존한 인물은 자기뿐이라는 사실을 알고 무척이나 놀랐다. 그래서 앞으로 남은 생애 동안 자신의 언행에 각별히 신경을 쓰지 않으면 안 되겠다고 말하기도 했다. 그는 개인적으로, 유대교의 성인이 될 수 없는 자신이 프로테스탄트 성인처럼 취급되고 있다는 사실을 재미있어했다.

"프로이트와도 아는 사이셨어요?"

"그랬지, 그 무렵에 알게 됐어. 그는 나보다 나이가 많았고 나 못지않은 유명인사였지. 나는 그를 '친구'라고 불렀다네. 그는 자신이 물리학에 대해 문외한이고, 나는 심리학에 대해 문외한이라고 했지. 아마 그래서 우리는 잘 통했던 것도 같아."

"프로이트도 유대인이었지요?"

"나처럼 유대교를 믿지 않는 유대인이었지. 그는 어떤 종교에도 매이지 않거니와, 종교를 경계할 줄 아는 사람이었다고 생각해. 그는 종교에 대해서 집단적 신경증인지 뭔지라고 했는데, 그러니까 일종의 소통 가능한 질병처럼 생각했던 것 같아. 또한 프로이트는 국가주의와 지나친 당파심도 경계했어. 그의 마지막 저작에서는 모세가 이집트인이고 초기 유대인들이 모세를 암살했다는 주장을 내세워 유대인들에게서 창세신 아버지의 존재를 박탈하려고 시도하기도 했지. 물론, 유대인들은 그런 주장을 믿지 않았지. 그들의 입장에서는 당연한 일이고."

"선생님께서는 프로이트와 선생님, 두 분이 서로 어떤 영향을 줄 수 있었다고 생각하세요?"

"적어도 그러려고 노력은 했지. 그 친구나 나나 환상 같은 건 없었지만 말일세."

■ ■ ■

아인슈타인은 어렸을 때부터 전쟁에 대해 본능적인 공포, 그것도 아주 극심한 공포를 느끼곤 했다. 그는 당대 사람들의 표현대로 '평화주의자'였다. 그는 무기, 시위, 군대의 행진 따위를 질색했고, 군기와 권력만이 세상을 이끌어갈 수 있다고 생각하지도 않았다. 그는 또한 승전, 항복, 조약 따위에 무슨 장점이 있으리라고 믿지도 않았다. 그는 지나친 민족주의적 사고에 반대했으며, 심지어 제1차 세계대전 당시의 독일 전범들을 수사해야 한다고 주장하기도 했다. 그는 평생 동안 국제적·세계적 권위가 필요하다고 생각했다. 그의 생각은(비록 이 생각이 지나치게 순진하다는 점을 스스로 의식하는 듯 보이기도 했지만) 오직 그러한 범세계적 권위만이 전쟁을 종식시킬 수 있기 때문이었다. 그는 인류의 대부분이 종교적 광기에서 민족주의의 광기로 넘어가는 모습을 보고 매우 유감스러워했다.

제1차 세계대전 동안에 그는 '문화세계에 대한 호소문Aufruf an die Kulturwelt'에 대한 서명을 거부했다. 호소문에 서명한 93명의 저명인사 중에는 아인슈타인의 절친한 동료인 막스 플랑크, 베를린 극장의 무대감독이자 관장이던 막스 라인하르트Maz Reinhardt도 있었다.

그것은 '독일 군내와 독일 민속은 하나이다.'라는 주장 아래 독일 군국주의에 찬사를 보내면서 전쟁을 부추기는 호소문이었다. 하지만 아인슈타인은 오히려 '반反호소문' 쪽에 서명을 했다. 이것은 전쟁을 즉시 중단하고 민족들 간의 이해를 도모하자는 취지의 글이었다. 그는 프랑스 작가인 로맹 롤랑Romain Rolland을 중립국가인 스위스에서 만났다. 아인슈타인은 독일군의 승리는커녕, 연합국의 승리와 프러시아 제국의 완전한 몰락을 바라고 있었다.

그래서 제1차 세계대전이 끝나고 독일 황제가 물러났을 때 아인슈타인은 누구보다도 기뻐했다. 그는 바이마르 공화국(제1차 세계대전 종전 이후부터 나치스의 정권 획득 전까지의 독일 정부 체제—옮긴이)에 대해 신뢰 어린 시선을 보냈으며 새로운 독일을 위해 투쟁했다. 베를린에서 열렬한 시위가 일어났을 때에는 과격한 학생들이 인질로 붙잡아놓은 대학 지도자들을 석방시키는 데 도움을 주기도 했다.

그는 기회가 있을 때마다 잘 들리지 않을 정도로 작은 목소리로나마 자기 의사를 표현했다. 그리고 그렇게 대중들 앞에서 말을 할 기회는 갈수록 늘어났다. 그래서 프로이트에게 편지를 써서 자기를 끊임없이 괴롭히지만 물리학으로는 해결할 수 없는 물음, 즉 "인간은 왜 전쟁을 하는가?"라는 물음을 던지기도 했다.

"어떻게 이 많은 사람들이 희생과 광기에 빠져들 수 있습니까? 인간의 정신이 증오와 파괴라는 정신병에 쉽게 빠지지 않도록, 그 발전을 이끌어줄 방법이 있습니까?"

아인슈타인은 이러한 물음을 '인간 본능에 대한 위대한 감식가'로 불리던 프로이트에게 던졌던 것이다. 그러자 프로이트는 아주 긴 답장을 써서 보냈다. 두 사람의 편지는 1933년, 그러니까 히틀러가 총통으로 선출되기 직전에 세상에 발표되었다. 편지에서 프로이트는 인간에게 증오와 파괴 충동이 있음을 믿는다고 밝혔다. 이러한 종류의 충동은 보전과 합일을 꿈꾸는 성애적 충동과 대립된다. 서로 모순적인 두 가지 충동은 어느 한쪽도 없어서는 안 된다. 둘 중 어느 하나만 고립되어 표현될 수도 없고, 하나의 충동은 언제나 다른 충동의 일부와 뒤섞여 있다. 또한 이 충동들을 어떤 것이 선이고 어떤 것이 악이다 하는 식으로 도식적으로 구분지어 이해해서도 안 된다.

프로이트에 따르면 모든 생명체에게서 죽음 충동은 삶을 생기 없는 물질 상태로 이끌어가도록 작용한다. 그러나 인간의 파괴적 성향을 근본적으로 제거하려는 짓은 무의미하다. 프로이트는 아인슈타인에게 전쟁은 이미 오래 전부터 인간의 일부였다고 설명했다. 전쟁은 문명의 발전과 궤를 같이 했다. 그리고 문명으로 말미암아 인간에게는 피할 수 없는 정신적 변화들이 일어났다. 인간은 차츰 본능을 잃어버리고 충동을 통제하거나 제한하게 된 것이다. 그로 인해 이제는 전쟁이 참을 수 없는 일로 느껴지게 되었다.

어떻게 전쟁을 떨쳐버릴 것인가? 프로이트는 이 문제에 대해서는 자기도 모르겠다고 고백했다. 하지만 그는 "분화의 발전을 위한 모든 일은 곧 전쟁에 반하여 일하는 것이다."라고 단언했다.

프로이트와 아인슈타인, 당대 최고의 유명인사이던 두 명의 유럽인은 그들 나름대로 최선을 다했다. 그들은 사방으로 넘쳐나는 더러운 진흙탕에 맑은 물을 한 방울이라도 더하려고 애썼던 셈이다. 하지만 너무 늦었다. 그들의 목소리는 사람들의 귀에 들리지 않았다. 다시 한번 인류의 정신은 가장 가혹한 형태로 스스로의 독毒에 취하고 말았다. 그리고 이런 일은 역사적으로 그리 드물지도 않다.

■ ■ ■

사유가 끊임없이 우주로 나아가다가, 측량할 수 없는 공간을 헤매며 무한한 가능성 안에서 모험을 전개하다가, 갑자기 지구에서 벌어지는 시시껄렁한 싸움질에 잠시 시선을 돌려야 한다면 무슨 말이 나오겠는가? 경계 다툼, 소유권을 둘러싼 분쟁, 산맥이나 강줄기나 세관을 놓고 가상의 선을 그은 채 양편이 서로 주고받는 모욕과 위협, 우리를 얼어붙게 만드는 편협한 민족성에 시선을 돌려야 한다면 무슨 말을 하겠는가? 별들을 바라보던 사람이 그런 일에 어떻게 대처한단 말인가? 아마 이러한 사유의 소유자는 지상의 보잘것없는 싸움질에 끼어들기가 힘들 것이다. 그의 시선은 아득히 먼 곳의 것들을 향해 있기 때문이다. 별들은 그 누구의 소유도 아니지 않은가.

그렇지만 이러한 사유는 한 개인에게서 기인한 것이다. 그리고 그 역시 자기가 원하든 원하지 않든 간에 지구라는 별에 속해 있다. 그는 다른 별이 아닌 바로 지구의 어느 한구석에서 태어났고, 어릴 때부터 어떤 언어, 교육, 정서, 이념 등을 받아들이면서 성장했다. 말하고 옷 입고 행동하고 음식을 먹는 수많은 방식들 중에서 자기에게 편하고 익숙한 방식이 생기게 마련이고, 지구의 어느 특정 장소에서 신체적·정신적으로 성장하게 된다. 그러므로 자신이 속한 민족이 위협을 받는다면 잠시 무한한 우주를 잊어버리고 온 힘을 다해 위험에 빠진 민족을 구하기 위해 애쓰는 것도 당연하지 않겠는가?

알베르트 아인슈타인도 자신이 할 수 있는 바를 다했다. 우리가 '평화'라고 부르는 바로 그것을 위해서 처음에는 무명인사로서, 나중에서 유명한 학자로서 최선을 다했다. 하지만 소용 없었다. 그는 생전에 두 차례의 세계대전을 목격했다. 심지어 자신의 연구가 그 전쟁들에 개입되기도 했다. 그는 역사적으로 볼 때 대단히 모순적이면서도 특수한 상황을 경험한 인물이라 하지 않을 수 없다. 평화를 부르짖는 그의 목소리는 점점 약해진 반면, 그가 고안한 음악적 운율이 잘 맞는 유명한 방정식은 머지않아 인류를 대량 살상으로 이끌게 되었으니 말이다.

아가씨는 아인슈타인에게 물었다. "선생님께서 이렇게 말씀하신 게 맞나요? '나는 두 번의 세계대전을 겪고도 살아남았다. 내 두 명의 아내들과 히틀러보다도 오래 살았다.'"

"기억이 안 나는구먼. 하지만 그런 말을 했을 법도 하지."

■ ■ ■

1930년부터 아인슈타인은 미국 프린스턴대학교의 초빙교수로 일하게 되었다. 그는 이전에도 신대륙을 방문한 적이 있었다. 두 번째 아내인 엘자Elsa Einstein—1919년은 그의 영광과 첫 번째 이혼이 동시에 찾아든 해였다. 그는 그 해에 사촌누이와 재혼을 했다—와 몇몇 친구들을 데리고 1921년에 처음으로 미국을 여행한 적이 있었다.

당시에 그는 시오니스트 지도자인 하임 와이즈만Chaim Weiz-
mann과 함께 예루살렘에 헤브루대학교를 설립하기 위한 기금을 마
련하려고 미국에 왔었다. 헤브루대학은 1925년에 문을 열었다.

아인슈타인은 민족주의를 경계하는 사람이기 때문에 처음에는
시오니즘 운동(팔레스타인에 유대 민족 국가를 건설하고자 하는 유대인
의 민족주의 운동—옮긴이)에 아주 소극적이었다. 그러나 유럽에서
유대인 박해 운동이 기승을 부리자 그 역시 유대인 국가가 설립되
어야 한다는 생각에 동조하게 되었다. 그는 '달러 모으기'를 위한
여행에 참여하기는 했지만 그래도 썩 내키지는 않았던 것 같다. 먼
훗날인 1952년에 벤구리온David Ben-Gourion(이스라엘의 정치가이자
시오니즘 지도자—옮긴이)은 아인슈타인에게 새로운 국가 이스라엘
의 대통령 자리를 제안하기까지 했지만 자격이 부족하다는 이유로
거절했다.

이미 첫 번째 미국 여행에서 그의 일상적인 생활과 얽힌 전설
들이 만들어졌다. 미국으로 건너가는 배 안에서도 그가 혹시 연구
에 방해를 받을까봐 선원들이 돌아가면서 보초를 섰다는 이야기가
전해질 정도였다.

"선생님은 미국에서도 유명인사셨지요?"

"미국 땅에 도착하기도 전에 그렇게 되어버렸지. 자네도 알겠
지만, 미국인들은 유명인사를 좋아한다네. 왜인지는 모르겠지만 내
어깨에 '월드 페이머스world famous'라는 딱지가 붙어 있는 셈이었

지. 어쩌면 나에게 꽃다발과 메달을 안겨주며 환영하던 사람들도 그 이유는 모르고 있었는지도 몰라. 이걸 좀 보게! 내가 만약 대중 연설가가 되었으면 한 재산 모았을걸!"

그는 아가씨에게 자신과 관련된 책, 사진, 신문, 각종 설명서 따위가 무더기로 쌓여 있는 것을 보여주었다. 그의 이미지를 차용한 담배나 만년필 광고도 있었다. 그녀는 재미있다는 듯이 자료들에 흥미를 보였다. 소금통에서 페이퍼나이프에 이르기까지, 별의별 것에 아인슈타인의 얼굴이 새겨져 있었다. 그녀는 이렇게 말했다.

"이런 일은 지금도 계속되고 있어요. 저도 여기 오면서 선생님 얼굴이 새겨진 티셔츠를 입을까 생각했거든요. 뭐, 감히 실행에 옮기지는 못했지만요. 선생님이 그다지 좋아하지 않으실 거라고 생각했지요."

"그런가. 생각해보게, 나도 내 얼굴이 들어간 티셔츠를 입은 적이 있다네."

"그래도 그런 경우는 특별하잖아요. 세계적인 명성을 얻었는데, 정작 그 이유는 아무도 모르는 경우."

"뉴욕에 도착했을 때에 내가 아내에게 뭐라고 했는지 아나? 세상 그 누구도 이렇게 열렬한 환영을 받을 수 없을 거라고 했지. 우리는 사기꾼이라도 된 기분이었다네. 이러다가 결국 감옥에 끌려가 최후를 마치는 게 아닌가 싶었지."

"선생님을 열렬히 환영한 사람들 중에서 선생님의 연구를 이해할 수 있는 사람은 하나도 없었나요? 그런 일이 정말 가능해요?"

"거의 아무도 없었다고 해야 할걸. 신문기자들은 내가 무엇에 대해 연구했는지도 몰랐을 거야. 뭐, 그건 비단 미국 기자들만의 문제는 아니지. 1919년 11월에 에딩턴이 런던에서 연구 결과를 발표했을 때 『뉴욕타임스』에서 누가 기사를 작성했는지 아나?"

"저야 당연히 모르지요."

"기사를 쓴 사람은 골프 전문 기자였어!"

다시 요란한 웃음보가 터졌다. 이제 아가씨도 이런 식의 웃음에 익숙해졌다. 아인슈타인이 다시 입을 열었다.

"나는 내가 끔찍이도 싫어하는 모든 것들과 동일시되었지. 신비로운 비전을 보는 현자, 정체가 애매한 도사, 세상의 비밀을 주머니 속에 꼭꼭 감추고 있는 마법사 같은 사람으로 취급당했던 거야. 게다가 미국인들의 관심을 끈 게 뭔지 아나? 내가 종종 양말을 안 신고 다닌다는 사실을 무슨 대단한 일처럼 여기더라고."

"어머, 왜 양말을 안 신고 다니셨어요?"

"그건 뭐, 딱히 철저하게 지키는 습관도 아니었어. 그냥 깜박 잊어버리고 양말을 한 짝만 신거나 아예 안 신는 일이 종종 있었던 것뿐이라고. 아침에 옷을 갈아입으면서 한 짝을 신었는데 그때 무슨 아이디어가 떠오를 수도 있지 않나. 그 아이디어를 적으려고 일어나다 보면 나머지 한 짝은 잊을 수도 있는 거지. 정말 별거 아닌 일이었지. 그냥 정신이 딴 데 빠져서 그렇게 된 거야. 그리고 한마디 더하자면, 양말을 신으면 엄지발가락 있는 데 구멍이 잘 나지 않나? 그런 걸 수선해봤자 무슨 의미가 있나."

"요즘은 양말 따위는 수선해서 신지 않아요."

"그 시절에는 다 손으로 기워서 신었어. 오늘날에는 그냥 버리는가 보군. 어쨌든 나는 갈수록 이해하기 힘들더군. 솔직히 너무 춥지 않으면 양말 없이도 사는 데 아무 지장이 없잖나. 자네도 한번 실행에 옮겨보게. 양말처럼 쓸데없는 물건은 달리 없을걸. 쓸모없기로는 넥타이와 막상막하일까. 자, 자네는 내가 이야기를 좀더 해주기를 바라나?"

예, 말씀해주세요."

"결국 나도 이야기하는 데 재미를 붙였구먼. 자, 이걸 보게."

그는 두 손으로 바지를 걷어 올리더니 샌들만 신은 맨발을 보여주었다. 그의 피부는 매우 흰 편이었다. 그는 당시에는 물리학 연구도 다른 학문과 마찬가지로 하얀 셔츠에 넥타이 차림으로 해야 했다고 말해주었다. 시험관을 다루면서도 셔츠 소매 단추를 다 채워야만 했단다. 부르주아적인 복장에서 어긋나지 않도록 짙은 색상의 양복을 갖춰 입어야만 사유의 엄밀한 조건들이 충족되는 듯이 말이다.

아인슈타인도 처음에는 다른 사람들처럼 옷을 갖춰 입었으나 커프스 단추를 채우거나 허리띠를 해야 한다는 사실을 자꾸만 잊어버리곤 했다. 그의 사유가 확장되면 확장될수록 그의 몸은 허름하고 너저분한 옷차림에 익숙해졌다.

"이제는 그런 습관을 고치려야 고칠 수도 없지. 게다가 셔츠 깃이 늘어지는 일은 거의 없는걸."

그는 미국에서 천문학자인 허블Edwin Powell Hubble과 만난 일을 이야기해주었다. 허블은 윌슨 산 천문대의 책임자였다. 아인슈타인이 우주를 고정된 것으로 생각하다가 팽창하고 있는 중이라고 생각을 바꾸게 된 것도 허블 덕분이었다. 아인슈타인은 기꺼이 자기 생각을 바꿀 줄 아는 사람이었다. 아가씨는 아인슈타인에게 허블의 이름을 따서 유명한 천체 관측 위성인 '허블우주망원경'이 만들어졌다는 사실을 이야기해주었다.

"나도 알고 있네. 그 사진들을 보았지. 정말로 아름답더군. 하지만 그건 어디까지나 이미지일 뿐이야."

또 그는 이렇게 물었다.

"아가씨는 채플린이 나에게 유명세에 대해서 뭐라고 했는지 아나?"

"아니오."

"그는 이렇게 말했지. 모든 이가 자기를 이해하기 때문에 자기는 유명해졌다고. 그런데 나는 아무도 나를 이해하지 못하기 때문에 더욱더 유명해졌다는 거야! 그래서 나도 약간 농담 삼아 이렇게 말했지. '밖에 외출해서 사람들과 어울릴 때에 콧수염을 밀고 나가면 아마 못 알아보는 사람이 많을 겁니다. 수염 없는 얼굴이 가면처럼 당신을 사람들의 시선으로부터 보호해줄 겁니다. 하지만 반대로 나는 수염을 길러야만 하겠지요.' 라고 했지."

"유명세가 선생님께 도움이 되었나요?"

"연구에 있어서는 전혀 도움이 안 됐지. 오히려 유명세 때문에 불편했어. 시간도 많이 빼앗겼고. 난 그저 어둠침침한 구석에 처박혀 혼자 있고 싶은 생각밖에 없었지."

"연구 외적인 면에서는 어땠나요?"

"유명해진 덕분에 비교적 안락하게 살 수 있었지. 그 이상은 없어. 사람들은 프린스턴대학이나 그 밖의 학교에 특별히 할 일도 없는 자리를 만들어놓고 나를 초대하곤 했지. 난 그저 강연회나 조금 하고, 논문만 쓰면 되었어. 하지만 난 돈에는 큰 관심이 없었다네. 난 평생을 검소하게 살아온 편이야. 난 말이지……."

그는 잠시 하던 말을 중단하고 무엇인가에 귀를 기울이는 듯 가만히 있었다. 아가씨도 귀를 기울여보았다. 그녀는 방에 난 문들 가운데 하나를 돌아보았다. 그녀가 다시 고개를 돌렸을 때 아인슈타인은 온데간데없었다.

그녀는 놀라서 사방을 둘러보았다. 아인슈타인이 사라져버렸다. 갑자기 증발해버린 것이었다. 그녀는 자꾸만 바뀌는 물건들에 둘러싸인 채, 널찍한 방 안에 덩그러니 혼자만 남겨져 있었다. 한순간 그녀는 두려운 마음에 어딘가로 도망가고 싶어졌다. 어쨌든 이 이상한 장소에는 오만 가지 위험과 급작스러운 비약, 그리고 함정들이 도사리고 있을지도 모르는 일이었다. 그녀는 할아버지의 다락방에서 읽던 공상 과학 소설(시공간 속으로 사라져버린 우주비행사들 이야기)을 떠올리면서 녹음기와 가방, 몇 자 적은 메모지를 꼭 움켜쥐었다. 그녀의 발걸음은 벌써 대기실 쪽 문으로 향하고 있었다.

하지만 그녀가 발길을 멈추었다. 아마도 벌써 떠나면 손해라는 생각이 들었을 것이다. 이러한 기회는 두 번 다시 오지 않을 것이다. 그녀는 가방에 손을 집어넣어 휴대전화기를 꺼냈다. 하지만 소용없었다. 통신망이 연결되지 않는 지역인지 발신음조차 나지 않았다. 그녀는 헛수고 삼아 휴대전화기의 버튼을 몇 개 눌러보지만 역시 쓸데없는 짓이었다.

그녀는 별로 놀라지도 않은 채 다시 문 쪽으로 걸어갔다. 나가기 전에 헬렌 듀카스를 만나고 갈까? 아마 그러는 것이 좋으리라. 그녀는 다섯 개의 문들 가운데 가장 좁다란 문으로 다가갔다.

바로 그때 사무실 밖에서 심상치 않은 소리가 들렸다. 사람들이 난동을 부리고 고함을 치고 있었다. 문을 쾅쾅 두들기고 유리창을 깨뜨렸다. 그녀의 호기심은 아직 사그라지지 않았다. 그녀는 소리가 들리는 쪽으로 다가가 문을 열어젖혔다.

그곳은 1931년에서 1932년쯤 되는 독일의 어느 회의장 같았다. 알베르트 아인슈타인이 연단에 서 있었다. 그는 뭐라고 연설을 하려 했지만 사방에서 휘파람을 불어대고 발을 구르며 야유를 보낸 탓에 무슨 말인지 전혀 들리지 않았다. 심지어 잉크병이 날아다니고 의자들이 부서져버리기도 했다. 악에 받친 사람들이 유대인 과학을 말살하라고 외쳤다. 그들은, 유대인은 진리를 발견할 수도 없고 받아들일 수도 없는 종자들이기 때문에 유대인 과학은 거짓일 수밖에 없다고, 유대인의 정신은 타락하고 오염되어 참된 것을 볼 수 없다고, 그들의 비참한 역사가 시작된 이래로 이 사실은 이미 여러 차례 증명되었다고 주장했다! 1905년(아인슈타인이 획기적인 논문 네 편을 발표한 바로 그 해)에 노벨물리학상을 받은 필립 레너드 Philipp Lenard라는 사람은 심지어 이런 글도 썼다. "아리안계 연구자와는 정반대로, 유대인은 진리를 이해할 수 없음이 명백하다."

유대인 방정식을 불에 처넣어라! 상대성, 휘어진 시공간, 그 밖의 반反독일주의 헛소리들을 몽땅 불살라버려라! 깨끗이 소탕하고 우리의 아리안 조국을 구해내자! 소위 유대인 학자라는 족속들, 거짓말쟁이 놈들, 전 세계를 부패시키는 가짜 예언자들, 성스러운 정신을 파괴하는 저 자들을 어서 불태워라!

아인슈타인은 최선을 다해 자신을 방어하려 했지만 역부족이었다. 그는 공책 따위를 허겁지겁 챙겨서 연단을 뜨지 않을 수 없었다. 그나마 보좌 역할을 하는 사람이 있어서 다행이었다.

아가씨는 그곳에, 그 회의장에 있었다. 코로 스며들어온 공기에서 담배 냄새가 났다. 다시 한번 온전한 증오의 현장을 목격한 셈이었다. 그녀는 주위를 둘러보고, 사람들의 이야기를 들었다. 그들은 고래고래 소리를 지르며 무엇인가 주장을 하고 있었다. 아가씨는 독일어를 대체로 알아들을 수 있었다.

그녀는 그곳에 더 이상 있기가 싫었다. 그래서 발걸음을 옮겨서 들어왔던 문을 도로 넘어갔다. 그녀는 다시 아인슈타인의 사무실에 돌아와 있었다. 그녀는 얼른 문을 닫았다. 광기 어린 고함소리, 회의장의 난리법석이 완전히 차단되지는 않았지만, 적어도 아주 먼 곳의 일처럼 어렴풋해지기는 했다. 그 장면은 이제 과거 속으로 사라져가기 시작한 것이었다. 그때 갑자기 등 뒤에서 알베르트 아인슈타인의 목소리가 들렸다.

"이제 내가 왜 떠났는지 이해하겠지?"

우주를 해석하는 방정식

그래서 그는 떠났다. 아니, 돌아가지 않았다고 해야 할지도 모른다. 1933년, 나치스가 공식적으로 독일에서 권력을 잡았을 때에 그는 베를린에 있는 자택과 포츠담의 카푸트Caputh 호숫가에 있는 별장까지 여러 차례 압수수색을 당했다는 소식을 들었다. 유대인들은 체포당했고, 나치스에 저항하는 사람들은 감금 혹은 처형을 당했다. 플랑크는 아인슈타인에게 프러시아 과학아카데미를 사임하라고 권고했고, 아인슈타인은 그 권고에 따랐다. 과학자들이 정치에 관여해야 하는가? 그들은 단지 나름대로 할 말이 있는 것뿐 아닌가? 격렬한 논쟁은 식을 줄을 몰랐다. 하이데거는 훗날 "과학은 사유하지 않는다."라는 말을 남기기도 했다. 하지만 아인슈타인은 다른 사람들과 마찬가지로 '사유'를 따르기를 멈추지 않았다. 그들이 과연 동일한 정신적 활동에 대해 말한 것인지조차 의심스럽다. 어떻게 연구자가 생각을 하지 않는 일이 가능하단 말인가? 과학자가 자기가 기술하고 설명하는 세계에 대해 눈을 감고 아무 생각도 하지 말아야 한단 말인가? 유대계 출신 연구자들은 하나둘 독일을 떠나기 시작했다. 그와 더불어 관념들도 가방을 쌌다.

아인슈타인은 반역죄로 고발을 당했다. 정확하게 입증된 사실은 아니지만 떠도는 소문에 따르면 그의 목에 2만 5,000프랑 상당의 현상금이 걸렸다고 한다(아인슈타인이 보기에 너무 높은 금액이었다). 아인슈타인은 영국에 초정을 받아서 처칠과 함께 식사를 했다. 그는 이 기회에 독일 국적을 포기하고 나치스가 권좌에 앉아 있는 한 고국에 다시는 돌아가지 않겠다고 선언했다. 그리고 일단 벨기에에 거처를 정했다. 독일의 한 일간지는 그의 사진을 1면에 싣고 "아직 처형당하지 않은 자"라는 타이틀과 함께 그의 반역 행위를 비난하는 기사를 게재했다. 아인슈타인을 경호할 책임을 맡은 경찰들은 그의 집에 상주하며 정원이나 계단에서 눈을 붙이곤 했다.

가장 혁신적인 고등교육기관으로 알려져 있던 프린스턴대학의 학장인 에이브러햄 플렉스너Abraham Flexner의 초청을 받아 아인슈타인은 미국으로 건너갔다. 그는 미국에 도착하자마자 군중과 사진기자들을 피해 도망다녀야 했다. 그는 가급적 눈에 띄지 않으려고 안간힘을 썼다. 그래서 작은 대학도시에 거처를 마련하고 연구를 계속했다. 그는 1955년에 사망할 때까지 비교적 소박한 자택에서 살았다. 하지만 아인슈타인 덕분에 도시는 유명해졌다.

그는 연구실도 아주 단순하게 꾸몄다. 바보 같은 낙서와 메모들을 처박아두는 커다란 종이 바구니가 필요하다고 했을 뿐이다. 그는 다시는 유럽으로 돌아가지 않았다. 자발적이면서도 완벽한 유배 생활이었다.

"가끔은 독일이 그립지 않으셨나요?"

아가씨의 물음에 그는 어깨를 으쓱했다. 그는 대답을 하지 않았다. 아가씨가 끈덕지게 파고들었다.

"카푸트 호숫가의 아름다운 별장, 절친한 벗들……."

"그 일은 이야기하고 싶지 않구먼."

아가씨는 입을 다물었다. 그녀는 비록 어리지만 노학자의 오래 묵은 회한, 치유되지 못한 채 아직도 아픔으로 남아 있는 상처의 흔적을 감지했을 것이다. 세계의 비전과 의미를 바꾼 위대한 인간도 조국을 바꾸지는 못했다. 그는 시간을 변화시켰으나 역사에 대해서는 아무것도 할 수 없었다. 독일은 그에게 무정한 어머니나 다름없었다.

엄밀하게 과학적인 분야에서도 진정한 계시의 나날들은 이미 지나가버린 듯했다. 솔베이 회의에서 일부 과학자들은 아인슈타인의 학설에 이의를 제기했다. 특히 코펜하겐학파의 끈질기고 단호한 과학자인 닐스 보어Niels Bohr를 포함한 새로운 지성들은 무시할 수 없었다. 심지어 아인슈타인은 말년에 통일장 이론에 대한 연구, 관찰자와 독립적인 실재, 곧 어떤 객관적 질서 혹은 인과법칙이 존재한다는 주장에 있어서 자신이 잘못 생각했을지도 모른다고 인정하기에 이르렀다. 일례로, 그는 어떤 물리학적 영향력도 광속보다 빠른 속도로 전달될 수 없다고 단언했다. 하지만 이런 일들은 그의 명성을 전혀 퇴색시키지 않았다. 그의 얼굴, 그의 몸집은 이미 온 땅에 널리 알려졌고 그를 모르는 사람은 없었다. 사람들은 이유도 모른 채 그가 천재라고 떠들어댔다. 아주 오랜 세월이 흐른 후에도 '천재'라는 타이틀은 그에게서 떠나지 않았다. 보상과 축하는 빗줄기처럼 그에게 쏟아졌다. 사방팔방에서 그에게 '명예박사' 학위를 주었다. 금메달, 조각상, 각종 학위, 때로는 수표까지 떠안기기 일쑤였다.

그가 외출할 때마다 사진기자들이 달려들었다. 언젠가 그가 자신의 진짜 직업은 사진모델인 것 같다고 했을 정도다. 1948년에 그는 병원에서 수술을 받고 잠시 입원한 적이 있었다. 그곳까지 따라와서 성가시게 구는 사진기자에게 혀를 내밀어 보이는 모습이 카메라에 찍혔다. 무례해 보이는 이 이미지가 오늘날까지도 20세기의 상징들 중 하나로 통하고 있다.

"한때는 명예가 나에게 도움이 되기도 했지. 직접적으로 무슨 소용이 있는 건 아니었지만 말이야. 그런 경우라 해도 도대체 그 명예가 무엇에, 누구에게 도움을 주었는지는 잘 모르겠더군. 반면, 사람들이 나를 많이 이용해 먹었다는 사실은 확실해.”

“루스벨트에게 보낸 편지도 그런 건가요?”

“아가씨도 그 일을 아나?”

“여기 오기 전에 정보 수집을 좀 했지요.”

그는 잠시 말이 없었다. 그 일에 대한 기억이 뚜렷하게 떠오르지는 않는 것 같았다.

“선생님께서 유대인이라는 점이 그 편지를 쓰는 데 크게 작용했나요?”

“아마 그렇다고 해야겠지. 은밀하게 작용했다고 봐야 할 거야. 1938년과 1939년에 독일에서 어떤 일이 있었는지는 우리 모두가 알고 있지 않나. 가공할 공포가 마련되어 있었지. 그 사실을 모르고 넘어갈 수는 없었어. 독일에서 내놓은 선언문, 전면전과 암살을 동시에 촉구하면서 학살을 예고하는 연설 따위만 보아도 짐작할 수 있었지. 집단적인 히스테리가 연단을 덮치고 마이크를 지배했지. 모두들 고래고래 소리를 질렀어. 뚱뚱한 대포장수들은 사람들을 전쟁터로 내몰았지. 그런데 세계의 나머지 사람들은 눈을 내리깐 채 귀를 막고 있었어.”

아인슈타인이 말하는 새로운 개념들을 이해하는 사람은 거의 없었다. 미치광이 범죄자의 손에 아인슈타인의 운명이 달려 있다는 사실도 대부분 이해하지 못했다. 아니, 어쩌면 받아들이려고 하지 않았는지도 모른다.

"선생님께서는 나치스가 원자폭탄을 개발하려 했다는 사실을 알고 계셨어요?"

"딱히 정보를 얻은 바는 없지만 그러지 않을까 짐작은 했지. 기술적으로 그들에게 문제가 될 것은 없었어. 독일에는 한Otto Hahn, 슈트라스만Fritz Strassmann, 하이젠베르크Werner Heisenberg 같은 뛰어난 물리학자들이 많이 있었거든. 그럴 만한 제반 여건이 있었을까? 그 점은 당시의 나로서는 알 수 없었지."

"닐스 보어도 관련이 있었나요?"

"아무렴. 전쟁이 한창일 때 하이젠베르크가 닐스 보어를 찾아갔지. 닐스 보어는 이미 동료들 중 한 사람에게 그 소식을 들었어. 그 동료도 유대계 태생이었는데 한에게 연락을 받았다더군. 하이젠베르크는 반역죄로 몰릴 위험을 무릅쓰고 비밀리에 적국인 덴마크를 개인적으로 방문한 거야. 하지만 그가 보어에게 뭐라고 말했을까? 독일이 핵무기를 개발하는 데 몰두하고 있다고 밝혔을까? 아니면 일부 사람들이 생각하듯이, 오히려 그 반대로 평화적 목적을 지닌 원자로 개발에 관한 이야기만 했을까? 보어가 그 이야기를 확대해석했을까? 솔직히 말해서, 우리는 이 일의 진상에 대해 아무것도 모른다네. 우리가 지닌 정보는 매우 혼란스러울 뿐 아니라 종종 모순적이기까지 하거든. 장담하건대, 나 자신도 그런 정보는 믿지 않는다네. 나의 순진한 구석은 변함이 없었지. 그래서 내 이론을 이용해서 세계를 파괴할 수도 있는 무기를 만든다는 생각은 해보지 못했다네. 언젠가 프라하에서 한 체코 대학생이 나에게 원자폭탄 개발의 가능성을 보여주려고 했었지. 그런데 나는 그 친구 말을 들으려 하지도 않았네. 그런 질문을 받을 때면 난 항상 이렇게 대답했지. '그런 일은 있을 수 없습니다. 바보 같은 짓이지요.' 라고 말이야."

"선생님 역시 눈을 감고 계셨군요."

"어쩌면 그랬는지도 몰라. 내가 만든 방정식들 중 하나가 심판의 날을 밝히는 데 쓰이리라고는 생각지 못했어. 그 방정식들은 분명히 그런 목적으로 만들어지지 않았거든. 그것들은 순수한 연구의 산물이었을 뿐이야. 명백한 것이 나타났기에 거부할 수 없었던 것 뿐이라고. 자네는 지식의 발전이나 사물의 진리라는 것에 대해 좋은 면밖에 보지 못하지. 그러기 위해 자네가 존재하는 거야. 난 말이지, 심지어 그 사태에 대해서 기술적인 면조차도 받아들일 수 없었다네! 예를 들어, 거대한 항구도시를 싹쓸이할 만한 '원자폭탄' 을 수송하려면 원격조종이 가능한 군함이 필요할 것 아닌가? 그런 일이 어떻게 가능한가? 루스벨트 대통령에게 보내는 편지에도 썼지만 그런 군함이 레이더에 걸리지 않고 대서양을 횡단할 수 있겠나? 그런 대규모 학살 계획은 나로서는 상상할 수도 없는 일이었다네. 우리 인간의 머리로 감당할 수 있는 일이 아니라고 생각했었던 거야."

"그렇지만 오래전부터 인간은 그런 생각을 해왔잖아요……."

"사실이야. 인간은 건설을 꿈꾸는 만큼 파괴도 꿈꾸지. 소돔과

고모라, 하늘의 불, 부패한 이 세상의 종말, 바벨탑의 파괴, 위대한 바빌론도 무너져 내렸지…… 더 멀리 나아가자면, 나는 인도에서 이런 이야기를 들었다네. 세상에서 가장 오래된 문헌에 우주의 모든 생명을 말살할 수 있는 무기 이야기가 이미 나온다고 하더군. 그 무기 이름이 '파수파타Pasupata(힌두교의 파괴의 신 시바가 들고 있는 창의 이름. 시바는 이 창을 써서 종말의 날에 세계의 모든 것을 파괴한다고 한다.—옮긴이)'였던가."

"모든 생명을 말살하는 무기요?"

"옛 시인이 그렇게 노래했다더군. 전쟁터에서 공포에 몸을 떠는 들풀들마저 잇아가는 가공할 무기라고."

"왜 인간에게는 모든 것을 파괴하려는 끔찍한 욕망이 있는 거죠?"

"그 문제는 프로이트에게 물어보게."

"프로이트 선생님도 만날 수 있어요? 그분도 선생님처럼 어딘가에 남아 계세요? 저도 그분을 만날 기회가 있을까요?"

"난 아무것도 모른다네. 최근의 소식은 못 들었으니까. 하지만 그 친구가 자네에게 뭐라고 대답할지는 자네도 이미 알 텐데."

"죽음 충동 때문이라고 하실까요?"

"뭐, 대강 그런 내용이겠지. 오랜 과거에서부터 지금까지 여전히 남아 있는 집단적인 파괴 충동…… 아마 그런 식으로 설명하겠지."

"일종의 복고주의인가요?"

“글쎄, 누가 알겠나.”

“만약 히틀러가 원자폭탄을 갖고 있었다면 주저하지 않고 사용했겠지요?”

“사람들이 나를 위로하려고 그런 이야기를 곧잘 하더군. 가끔은 나 자신도 그렇게 생각한다네. 자, 이리 와서 보게.”

■■■

그는 여학생을 데리고 가서 문 하나를 열었다. 문 너머에는 소박한 방 하나가 있었다. 그는 이곳이 롱아일랜드의 바닷가에 있는 저택이라고 말해주었다. 과연 바다도 보였고 파도소리도 들렸다. 무더위에도 불구하고 공기는 상쾌했다. 대서양 위로 펼쳐진 푸른 하늘에는 하얀 구름이 점점이 박혀 있었다.

그곳에는 땀을 뻘뻘 흘리고 있는 두 남자가 있었다. 아인슈타인은 지금이 1939년 7월이고 두 사람은 레오 실라드Leo Szilard와 유진 위그너Eugene Wigner라고 소개해주었다. 두 사람은 아인슈타인이 신뢰하는 촉망받는 물리학자였다. 아인슈타인과 실라드는 오래전부터 알고 지내는 사이였다. 실라드 역시 유대계 태생으로, 가진 돈을 구두에 감추고 서둘러 독일에서 도망을 나와야 했던 아픔이 있었다.

두 물리학자 눈에는 아가씨가 보이지 않는 모양이었다. 아인슈타인은 간단하게 상황을 설명해주었다. 두 사람은 아인슈타인을 설득하여 루스벨트 대통령에게 편지를 쓰게 하려고 왔다. 독일을 제치기 위해서는 미국이 핵분열, 핵에너지, 나아가 핵폭탄 경쟁에서도 선점할 수 있게끔 아인슈타인이 나서야 한다는 것이었다. 그들은 아인슈타인에게, 평화주의자인 그에게 그런 부탁을 하러 왔던 것이다.

"난 정말 극적인 상황에 처하고 말았지. 이해할 수 있겠나? 이 바닷가의 작은 집은 의사 친구가 나에게 빌려준 것이었어. 그런데 이 조그만 집에서 전 지구의 운명이 결정된 거야. 우리는 우라늄 핵분열이 이미 실현되었고 여러 연구팀에서 연쇄반응을 연구하고 있다는 사실을 알고 있었지. 특히 프랑스인들은 졸리오-퀴리 부부(마리 퀴리의 사위와 딸로 1935년에 노벨화학상을 공동수상했다.—옮긴이)를 앞세워 연구에 매진하고 있었어."

"독일인들도 마찬가지였겠지요?"

"아까도 말했지만 확실히는 몰라. 하지만 닐스 보어는 그렇게 생각했다네. 그래서 아주 걱정스러워했지."

"그분에 대해서 조금 말씀해주실래요?"

"지금?"

"뭐, 나중도 좋아요."

"음, 나는 그를 무척 좋아했네. 보어는 나를 꽤 성가시게 했기 때문에 이렇게 말하면 내가 무슨 마조히스트처럼 보일지도 모르지만 이건 참말이라네. 닐스 보어는 덴마크의 물리학자로서 코펜하겐 학파를 이끌었지. 그리고 내 학설에 대한 반대자로서 가장 골치 아픈 존재이기도 했고. 자, 그에 대해서 말하고 있으니까 잠시 하던 이야기를 중단하자고……."

그는 몇 발짝 떼더니 또 다른 문을 열었다. 문 건너편에는 한 60대 남자가 안락의자에 앉아서 기다리고 있었다. 그는 삭막해 보이는 인상에 머리가 짧았다. 왜소한 상반신으로 보건대 키가 작은 것 같았다. 그는 자기만의 기나긴 생각에 완전히 빠져 있는 듯 보였다. 아인슈타인이 그에게 다가가 다정하게 인사를 하고 독일어로 몇 마디를 건넸다. 닐스 보어는 아무 대꾸도 하지 않았다. 마치 그는 아인슈타인이 보이지도, 들리지도 않는 것 같았다. 그는 꿈쩍도 하지 않았다. 흡사 유령 같은 모습의 그는 망령들의 박물관에 전시된 '생각하는 사람' 같았다.

아인슈타인은 웃으면서 이렇게 덧붙였다.

"저 친구는 종종 저래. 불굴의 몽상가이지."

"무슨 몽상을 하는데요?"

"내 학설에 대항하기 위해 찾아낼 수 있는 논증들이겠지."

"선생님은 그래도 좋으셨어요?"

"좋아했다고 할 수 있지. 특히 처음에, 그가 교조적으로 돌변하기 전에는 참 좋아했다네. 그는 아주 민감한 어린아이 같았어. 혼자서 딴 세상을 사는 사람 같았지. 그래서 그에 대한 이야기도 참 많

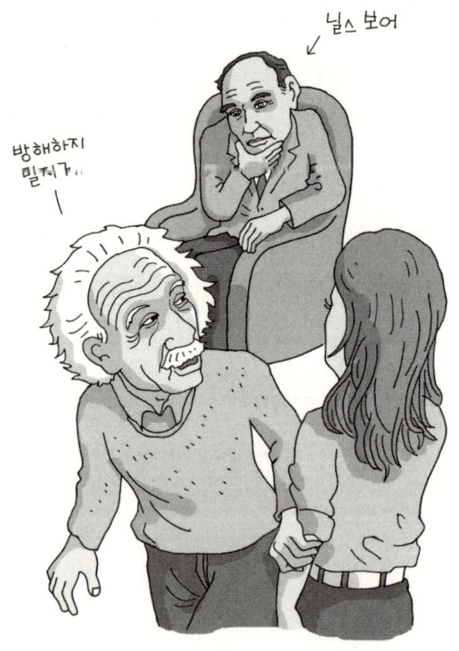
닐스 보어
방해하지
말지가...

았지. 이를테면, 그는 바닷가에 서서 팔을 뻗으며 체조를 하는 듯하다가 돌연히 꼼짝 않고 한두 시간씩 서 있기도 했지. 자기만의 생각에 빠져서 미동조차 하지 않고 그렇게 있었던 거야. 나도 그런 적이 있으니 이해할 수 있지."

그는 잠시 애정 어린 눈길로 보어를 바라보았다. 그러고는 아가씨의 팔을 잡아끌고 그만 돌아가자는 사인을 보냈다. '가세, 저 친구를 방해하지 말자고.' 라고 말하는 것 같았다.

그들은 다시 롱아일랜드에 있는 작은 저택으로 돌아왔다. 하지만 아인슈타인은 여전히 보어에 대해 할 말이 많은 듯했다.

"저 친구는 대체로 자기 의사 표현을 잘 못하는 편이었지. 알아듣기 힘든 장광설을 늘어놓기 일쑤였어. 말을 멈추었다가 겨우 다시 이어나갈 때도 많았고. 하루는 어떤 사람이 보어에게 말했지. '말솜씨를 키우려고 노력 좀 하세요! 그래야 우리가 당신의 견해를 알아먹을 것 아닙니까!' 라고 말일세. 그랬더니 보어가 뭐라고 했는지 아나?"

"제가 어떻게 알겠어요?"

"그는 '나는 내 생각 이상으로는 명확하게 말하지 않으려고 노력합니다.' 라고 했다네. 나는 이 말이 정말 마음에 들었다네. 자네는 안 그런가?"

"그런 사람이 어떻게 한 학파의 수장이 되었지요?"

아인슈타인은 이 물음에는 대답하지 않고 이렇게 말했다. "내가 들은 이야기가 또 있는데 말이야. 하루는 과학 전문 기자들이 그의 집에 찾아갔지. 보어는 그들에게 자기 연구와 성찰이 가장 최근에 도달한 성과를 알려주려고 했지. 그의 아들도 아버지처럼 노벨상을 받은 과학자였는데, 마침 그 자리에 동참을 했다더군. 닐스 보어는 평소처럼 자기 생각을 더듬어가면서 기자들에게 몇 시간이 지나도록 설명을 늘어놓았지. 그러다가 밤이 되었어. 그는 기자들에게 자기 집이나 인근 호텔에서 자고 가라고 했다네. 기자들도 그렇게 하기로 했지. 다음날 아침, 그들은 모두 한자리에 모여서 아침식사를 했는데 그 자리에서 보어가 아들에게 그랬다더군. '너만 괜찮나면 우리가 어제 한 이야기를 간단하게 요약해서 정리해주려무나.' 그러자 아들이 공손하게 아버지가 시키는 대로 했지. 그는 그 자리에서 15분 만에 모든 내용을 정리해서 발표했어. 아버지는 아들의 말을 주의 깊게 듣다가 맨 마지막에 가서 이렇게 말했지. '짧고 명확한 정리구나. 그렇지만 그 내용은 틀렸다.' 라고,"

알베르트 아인슈타인의 요란한 웃음소리가 다시 울려 퍼졌다. 그는 너무 웃어서 눈가에 눈물까지 고였다. 그러고는 웃음을 그치더니 아까의 물음을 떠올린 듯 이렇게 말했다.

"보어가 왜 유명해졌냐고? 그야 물론 양자역학 때문이지."

그는 갑자기 의심스럽다는 듯 아가씨에게 물었다.

"그런데 자네가 양자역학이 뭔지는 아나?"

"대강은요."

"내가 젊었을 무렵에 물리학자들은 갑자기 무한하게 작은 것들을 연구하기 시작했지. 그건 정말 새로운 바람이었어. 처음에는 원자가, 그 다음에는 소립자가 연구 대상이 되었지. 그리고 원자핵을 이루는 양성자, 좀더 뒤에는 중성자까지 연구하게 되었어. 전자는 그 주위를 춤추며 돌아다니고, 광자나 그 밖의 것들도 마찬가지지. 우리는 그때까지 눈에 보이지 않기에 의혹조차 품지 않던 영역에 어설프게나마 발을 들이게 되었던 거야. 그건 정말 현기증 나는 행보였지. 우리는 발견에서 놀라움으로, 놀라움에서 다시 경악으로 나아갔으니까. 역사상 처음으로 하나의 세계가 우리 앞에 드러났고, 그 세계는 물질의 빈 곳을 명확하게 보여주었어. 그 세계가 다름 아닌 우리의 세계야. 우리가 살아가는 세계, 우리를 구성하는 세계이지. 그런데 우리가 발견해서 하나하나 이름을 붙여준 기본적인 소립자들의 운동에 기이하고 불규칙적인 데가 있음을, 소위 비정상적이라고 할 수 있음을 일찍이 알아차린 사람들이 있었지. 이러한 통찰로 말미암아 훗날 하이젠베르크는 저 유명한 '불확정성의 원리' 라는 말을 남기게 되었다네. 그러니까 이렇게 미세한 수준에서는 모든 물질에 있어서, 다시 말해 우리들 자신에게서도 어떤 개연성이, 도저히 환원할 수 없는 미지의 요소가 작용한다는 것이지."

"선생님께서는 그 이론을 받아들이기가 어려우셨나요?"

"사람들은 내가 그랬을 거라고 말하곤 하는데 그건 사실이 아니야. 나는 양자역학을 부정한 적이 한 번도 없어. 양자가 처음 발견되었던 시대를 생각해보면 내가 이 학문이 탄생할 수 있도록 도왔다고 해도 과언이 아닌걸. 양자역학은 우리에게 대단히 유용하게 쓰인다네. 자네가 찬 시계나 주머니 속의 피디에이PDA 컴퓨터, 그 밖의 오만 가지 생활용품에 이용되고 있는걸. 심지어 이렇게까지 말할 수도 있네. 양자역학 없이는 생명이 설명될 수 없다고."

"생명? 진짜 생명이오?"

"그렇고말고! 자네를 위해 간단하게 말하자면, 오직 양자역학만이 원자의 내적 상태의 안정성을 설명해줄 수 있기 때문이지. 바로 이 안정성 덕분에 화학적 구조들이 재생산될 수 있고, 그로 인해 새로운 생명을 탄생시킬 수 있단 말일세. 원자들은 어째서 자기 상태를 유지하느냐, 이것은 고전역학으로는 결코 해명할 수 없는 문제였지."

"하지만 생명에 대한 학문은 고전적인 게 아닌가요?"

"그렇게 말할 수도 있지. 하지만 세계에 대한 학문은 그렇지 않아."

"그럼 선생님께서는 보어와 왜 대립하시게 된 거예요?"

"어떤 물리학자들은 단순한 미학적 문제 때문이라고 했지. 또 어떤 이들은 형이상학적인 차이라고 했어. 더러 우리가 서로를 미친놈이라고 생각한다고 떠드는 자들도 있었지. 어쨌든 진짜 광기를 아는 사람들끼리는 흔한 일이었지. 사실, 그의 말솜씨는 부족했지만, 어쩌면 오히려 그 사실 때문에 굉장히 폭넓은 개념의 장을 아우르며 예외적으로 뛰어난 물리학적 언어를 다룰 수 있었지. 그런 점에서 나는 그를 존경했다네. 그는 상상력이 풍부한 의미론 학자 같은 사람이었지. 모자란 말솜씨를 이용하여 되레 모든 것에 대해 답변하는 듯한 독특한 말하기 방식들을 만들어냈어. 그는 반론을 제기당하면 몇 날이고 머리를 쥐어뜯으면서 밤을 새웠지. 보완성, 모순, 임의성 따위의 개념에 사로잡혀 자기 자신과 추상적인 토론을 나눈다고나 할까. 그러고는 다음날 아침 언짢은 얼굴로 '알베르트, 드디어 답을 알아냈습니다.' 라고 말하는 거야."

"선생님은 이 새로운 물리학의 탄생에 공헌하셨잖아요? 그런데 왜 그 다음에 양자역학과 대립하게 되었나요?"

"나는 예감했지. 정말이야, 나는 양자역학의 도래를 예상하고 있었어. 그리고 아주 빨리 결론을 내렸지. 엄밀하게 말하자면, 난 양자역학에 반대한 적이 없다네. 다만 이 학문이 거짓되지는 않을지언정 너무나 불완전해 보였기 때문에 철저하게 규명하려 했을 뿐이야. 특히 닐스 보어와 많이 대립했지. 그는 세월이 흐르면서 노벨상도 받았고 학자로서 큰 성공을 누렸어. 우리는 그 친구 덕분에 여러 가지 발전을 이룩할 수 있었지. 그러니까 그가 그런 영예를 누린건 당연해. 하지만 그러다 보니 우리가 빠지기 쉬운 함정에 그 역시 빠지고 말았지. 그는 아주 권위적이고 건조한 사람이 되어버린 거야. 그는 자기가 몇 년 사이에 모든 것을 발견했고 더 이상 나아갈데가 없다고 생각했다네. 그가 답보 상태에 빠졌고, 심지어 새로운 활로가 개척되었음에도 그러한 행보에 반대한다고 비판하는 사람들도 몇몇 있었지. 그는 양자의 안개 속에 파묻힌 채 안주한 셈이야. 모든 것이 자기가 말한 대로라야만 되는 사람이었지."

"선생님의 경우는 그렇지 않았나요?"

"난 그렇지 않았다네. 적어도 그러지 않기를 바랐어. 사실, 난 오히려 의견이 오락가락하는 편이었지. 기회주의자라는 소리를 들을 수도 있었을 거야. 나는 몇 가지 간단하면서도 명확하고 이해 가능하며 유용한 원리들에 매달리려고 노력했지. 세계의 비밀을 간파하기 위해서 과학을 하는 것이지 그 비밀을 더 모호하게 만들려고 하는 게 아니라는 생각을 유지하려고 애썼다네. 1930년대에 프린스턴대학에서 나를 미치광이 늙다리 취급하는 일은 결코 드물지 않았다네."

"왜요?"

"그냥 뭐, 내 태도가 낡아빠졌다는 거야. 전방위적 모험가 이미지로 단물을 빼먹고 난 다음에 후방으로 보낸 셈이었지. 사람들은 내가 내 입장에 너무 매여 있어서 현대적인 개념들을 이해하지 못한다고 했어."

"이 문제에 대해서는 다시 한번 말할 기회가 있을 것 같네요."

"나도 아네. 현대 물리학자들은, 아니 어쨌든 그들 중 일부는 나의 명예를 회복시켜 주었지. 일반상대성이론은 별들의 세계를 정복했지. 중력파와 더불어 퀘이사(우리가 관측할 수 있는 가장 먼 천체—옮긴이), 펄사(빠르게 자전하며 전파를 발산하는 중성자성—옮긴이), 블랙홀의 존재도 나의 학설을 뒷받침해 주었어. 이 모든 새로운 발견들이 내 이론을 확고하게 해주었지만 내게는 오직 이론만이 과학이 실행되는 유일한 장 같다는 공허한 감정이 지배적이었다네. 마치 세계는 우리의 지각을 넘어서서 확증되는 실체가 전혀 없는 것 같다는 느낌이었다고나 할까. 그 현실이 존재하기 위해서는 지각이 반드시 필요한 것 같았지. 사물의 광란에서, 소립자들의 불규칙적인 운동에서, 그리고 그 소립자들 중 하나가 여기저기서 발견될 수 있다는 사실에서, 달리 말하자면 하나의 문이 열린 동시에 닫혀 있을 수도 있다는 사실에서 보편적인 결정론적 법칙의 가능성은 사라져버리지. 세계는 일관성을 잃고 결국은 임의적인 것이 부각되는 거야."

"모두들 그런 생각을 하고 있었나요?"

"거의 대부분은 그랬지. 덴마크의 보어와 독일의 하이젠베르크가 새로운 무리의 우두머리가 되었어. 그들은 이렇게 말하곤 했지. 우리는 감지될 수 있는 것의 한계에 도달했다고. 여기서 더 나아가기를 원한다면 오직 방정식이라는 언어만이 수반될 수 있을 거라고. 우리는 모든 표상과 감각적 형태, 일상적이고 전통적인 접근, 정신을 통한 이해를 포기하고 방정식들을 탐구해야 한다고. 슈뢰딩거Erwin Schrödinger는 우리가 방정식을 넘어서서 나아갈 수 있다고, 또 다른 이미지들이 우리를 기다릴 거라고 말한 몇 안 되는 사람들 중 한 명이었지. 내 생각도 슈뢰딩거의 생각과 같았네. 아니, 그러기를 소망했다고 해야 할까. 나는 새로운 법칙들이 잠복하고 있는, 그것도 불확정성의 원리라는 것이 버티고 있는 낯선 땅에서 길을 잃고 헤매고 싶지는 않았다네."

"왜 헤매고 싶지 않으셨어요?"

"다른 이들은 개연성과 불확정성에 심취해 있었지. 그들은 희한한 것들, '위치에서 벗어난 전자', 그 밖에 내가 잘 모르는 개념들에 매달렸다네. 그런데 나는 말이지, 예측 불가능한 것, 우연, 임의성, 근본적인 무질서를 받아들일 수가 없었어. 불합리성이라고나 할까, 뭐, 자네가 부르고 싶은 대로 불러도 좋아. 나는 이런 견해를 여러 차례 밝혔지. 닐스 보어와 그 밖의 과학자들에게 편지를 쓰기도 했고. 나는 개연론蓋然論으로는 만족할 수 없었다네. 내가 보기에 그들은 너무나 매혹적으로 보이기는 하지만 어떠한 활로도 개척할 수 없는 길을 걸어가고 있는 것 같았지. 기발한 발견과 놀라운 사유가 즐비하고 온갖 유혹이 가득하지만 결국은 막다른 골목에 부딪히게 될 길로 나아가고 있었던 거야. 그 길에는 뭔가가 부족했어. 아직 감추어져 있기는 하지만 근본적인 결함이 있지."

"선생님은 세계가 어떤 곳이기를 바라세요?"

"그 점에 대해서 내 생각은 변함이 없지. 사실, 난 아무것도 바라지 않는다네. 그저 우리가 알고자 하는 세계가 질서 있고 조화로운 곳이기를 바랄 뿐이야. 세계가 우리 힘으로 이해할 수 있는 것이기를, 인간의 정신이 가장 내밀한 부분까지 통찰할 수 있게 되기를 바란다네. 나는 세계를 그런 식으로 생각하고…… 아니, 그런 식으로 느낀다고 표현하는 게 더 낫겠군. 이 모든 역경과 부침에 시달린 후에도 그 느낌은 변하지 않았네. 지금까지도 말일세."

"그런데 닐스 보어는 그렇게 생각하지 않았단 말이지요?"

아인슈타인은 갑자기 기운이 나는 것 같았다. "어디 보어뿐인가! 그런 사람이 하나둘이 아닌걸! 코펜하겐학파와 그 밖의 학자들은 과학이 돌아올 수 없는 지점까지 다다랐다고 떠들어댔어. 이제 우리는 현실을 규명하려는 시도를 포기해야 한다고, 결코 해결되지 않는 혼란으로 귀착될 수밖에 없음을 인정해야 한다고 했지! 예를 들어, 그들은 한 소립자의 위치나 속도를 동시에 안다는 것도 불가능하다고 보았다네!"

"선생님, 선생님은 왜 그토록 세계의 질서를 원하셨던 거죠?"

"그래, 대체로 그런 것을 원했지. 나는 '질서'라는 말 자체는 좋아하지 않는다네. 정치적·사회적 어감이 강한 말이잖나. 그보다는 조화라고나 할까, 복잡하지만 아름다운 연대성이라고나 할까. 아무튼 그런 것이 없다면 우리가 왜 과학을 공부하는지 이해할 수 없었지. 지금도 이해 못하기는 마찬가지이고."

"선생님은 뉴턴과 말씀하시면서 그가 신이라는 조정자를 개입시켰다고 비판하셨잖아요. 하지만 선생님 자신도 이런 말씀을 남기시지 않았던가요? 신께서는 주사위놀이를 하지 않는다고요."

"그런 말을 했었지. 아마 사태를 단순하게 정리하기 위해 했던 말일 거야. 게다가 정확하게 그런 식으로 표현한 것도 아니었다고. 사람들의 집단적인 기억 때문에 그런 말이 되어버렸을 뿐이지. 나는 절대로 어떤 신을, 혹은 피스톤과 크랭크로 세상을 작동시키는 데미우르고스(플라톤의 세계 창조론에 등장하는 창조신―옮긴이) 같은 존재를 상정한 적이 없다네. 그런 존재는 나에게 아무 의미도 없어. 우리는 데카르트처럼 하느님께서 자연에 숨겨놓으신 법칙들을 찾는다고 말할 수 없다네. 하느님께서 무슨 숨바꼭질이라도 하신단 말인가. 그분이 무슨 학파의 스승이나 재판관, 혹은 보물찾기 놀이를 꾸미는 사람이라도 된단 말인가. 난 사물의 본성을 연구힐 뿐, 그 이상도 이하도 아니네. 나는 어딘가에서 수수께끼의 피리 부는 사나이 이야기를 한 적이 있지. 내게는 희미하게 그 노랫소리가 들렸다네. 하지만 문자 그대로 그를 '피리 부는 사나이'라고 부를 수는 없는 노릇이지. 신을 사람처럼 생각하다니, 그거야말로 얼마나 어리석은 짓인가! 그 얼마나 창피한 짓이냐고! 그것은 광대한 신비를 인간의 옹색하고 보잘것없는 물음으로 축소시키는 짓이야. 우주에 대한 모욕이라고 할 수 있지. 그래서는 안 돼. 난 항상 우리를 완벽한 합일로 이끄는 사물들의 조화를 필요로 했다고 말하고 싶네."

"누구와 무엇의 합일 말씀이세요?"

"우리 모두 겸허해지자고. 그것은 우리와 우주 사이의 합일이겠지."

"그 합일이 언젠가는 단 하나의 통일된 방정식으로 기록될 수 있을까요?"

"단 하나의 멋진 방정식…… 그건 우주의 방정식이 되겠지!"

여기서 다시 한번 그녀는 침묵했다. 모든 것과 그 상반된 것까지 포함하는 보편적인 방정식, 결정적이면서 최종적인 정식定式의 이미지 앞에서―하지만 과연 그것을 이미지라고 할 수 있을까?― 잠시 아무 말이 나오지 않았다.

그녀가 다시 물었다.

"그 때문에 선생님께서는 연구를 계속하고 계신가요?"

"그보다 더 나은 이유가 어디 있겠나?"

◆◆◆

신의 영역을 극복하여

　　　　　그녀는 다시 핵무기 이야기로 넘어와서 아인
슈타인에게 질문을 했다.

　"닐스 보어도 선생님처럼 인류가 핵폭탄을 사용하게 될까봐 걱
정했나요?"

　"그걸 말이라고 하나! 내 생각에 그는 우리들 중 누구보다 그
문제를 심각하게 걱정했다네. 때로는 단 하나의 권력이 대규모 살
상 능력을 손에 넣게 될까봐 거의 미칠 듯이 불안해했었지. 자네는
제2차 세계대전이 끝날 무렵 그가 처칠을 만나러 갔던 일을 아나?
그는 러시아에 핵무기 비법을 가르쳐줄 것을 청원하러 갔었던 거
라네."

"스탈린에게 핵무기 비법을 가르쳐주라고요?"

"그래! 처칠은 닐스 보어를 미치광이 취급했지. 그래서 당장 내쫓았다고 해."

"하지만 그래도 소련은 결국 핵폭탄을 갖게 되었잖아요."

"아니, 보어가 걱정했던 문제는 세력의 균형을 이루어야 한다는 것이었어. 그는 전쟁에서 비록 승리하기는 했지만 미국인들만이 핵폭탄을 보유하는 것은 위험하다고 생각해서 불안해했지. 그 친구는 그 문제에 상당히 몰두해 있었다네. 심지어 가공할 파괴력을 지닌 수소폭탄이 개발될 것이라고 예측하기도 했지. 그는 가장 강한 국가들이 핵에너지 사용을 제한하기 위해 서로 협정을 맺어야 한다고 주장했어."

미국에 있던 아인슈타인과 유럽에 있던 닐스 보어, 두 사람은 모두 군사기밀이 그렇게 오랫동안 유지될 수 없을 거라고 짐작했다. '자연이라는 책이 일단 한 번 펼쳐지면 누구나 그 책을 읽을 수 있다.' 이것은 보어의 말이다. 그리고 그 책을 읽기 위한 비법을 캐내기 위해 스파이들이 동분서주했다. 아인슈타인이라면 스파이들도 최소한 물리학은 알아야 했다고 말할지 모른다. 세상은 원래 그런 식이다.

전 지구적인 재앙을 피하려면 어떻게 해야 할까? 이 질문이 즉각적으로 부상했다. 아인슈타인은 인류가 아직 핵의 시대에 진입할 준비가 되어 있지 않다고 생각했다. 하지만 빌어먹을 전쟁 때문에 모든 것이 너무 갑자기 들이닥쳤다. 전쟁 때문에, 어떻게 해서든 이겨야 한다는 목적 때문에 핵 연구가 일사천리로 진행되었던 것이다. 그러면? 당초 기대와는 달리 갑자기 새로운 마법사의 제자, 파괴의 천사 노릇을 하게 된 과학자들은 이제 어떻게 행동해야 할까? 어떻게 대처해야 할까? 승전에만 눈이 먼 미국과 영국의 정치인들에게 과학자들은 어떻게 말해야 할까?

권력과 과학 사이에 새로운 관계가 수립될 것인가? 그 당시 물리학자들은 존경과 의심을 동시에 받고 있었다. 그렇다면 그들은 호화로운 연구단지에서 살상무기를 개발하는 연구에 전념하게끔 종용당할 것인가? 과학자들은 반드시 현 정권에 복종해야만 하는가? 그 권력을 받아들일 수밖에 없는가?

아인슈타인은 1939년에서 1945년에 이르는 동안 이 모든 물음과 그 밖의 여러 가지 의문들이 끊이지 않았다고 회상했다. 핵무기 개발은 가능한가? 과연 개발에 착수해야 하는가? 우리가 그 비밀을 지킬 수 있는가? 그리고 무엇보다도 이런 물음을 떨칠 수 없었다. 우리가 핵무기를 만든다면, 그것을 꼭 사용해야만 하는가?

아가씨는 대서양이 내다보이는 작은 집에서 여전히 실라드와 위그너를 보고 있었다. 아인슈타인이 그들에게 다가갔다. 바람결에 그의 백발이 흩날렸다. 손에는 불이 꺼진 파이프가 들려 있었다. 실라드가 그에게 종이 한 장을 내밀었다. 아인슈타인은 종이 위에 씌어진 글을 차분하게 읽더니 잠시 생각을 하다가 몇 가지 물어보는 것 같았다. 그러나 그가 하는 말은 아가씨에게 잘 들리지 않았다.

실라드와 위그너는 거의 동시에 대답을 했다. 그들은 아주 집요했고, 그를 설득하려고 열심이었다. 그들이 해준 말 덕분에 아인슈타인은 금세 사태의 긴박함을 깨달았다. 그렇다, 두 명의 독일인 화학자 오토 한과 프리츠 슈트라스만은 이미 우라늄에 중성자를 쏘아서 바륨을 얻어내는 데 성공했던 것이다. 원자핵 분열의 가능성은 이미 의심의 여지가 없었다. 가능한 정도가 아니라 이미 실현되었던 것이다! 게다가 또 다른 독일인 물리학자인 하르테크Paul Harteck는 이 발견에 대해, 종래의 폭탄들과는 '아예 차원이 다른' 엄청난 파괴력을 지닌 무기 개발을 가능하게 할 것이라고 예고해놓은 상태였다. 군대의 '어두운 희망'이 여기에 달려 있었다. 나치스의 제2인자요, 선전장관인 괴벨스Joseph Goebbels는 신이 났었을 것이다. 두 명의 화학자 중 한 사람이던 한은 이 사실을 닐스 보어에게 알리려고 했다. 그는 바륨을 바다에 처넣고 그 자리에서 자살이라도 하고 싶었을 것이다. 당시 체코슬로바키아를 합병한 지 얼마 안 된 독일은 우라늄의 해외 반출을 금지했다. 이것은 곧 그들이 우라늄을 사용하여 무엇인가를 개발할 의도가 있음을 드러내는 것이었다.

그 밖에 어디서 또 우라늄을 찾을 수 있을까? 벨기에령 콩고가 답이었다. 벨기에의 엘리자베스 왕비는 아인슈타인과 잘 아는 사이였다. 두 사람은 친밀한 편지를 곧잘 주고받았고 함께 음악을 연주하기도 했다. 이 사실을 신속하게 왕비에게 알려서 경계 태세를 갖추게 해야 할까?

아인슈타인은 다시 생각에 잠겼다. 그는 결국 왕비에게 편지를 보내지 않았다. 하지만 루스벨트 대통령에게 편지를 써서 사태의 추이를 알렸다. 인류가 새로운 길에 발을 들여놓았음을 그에게 알려야만 했다.

아인슈타인은 1939년 8월 2일에 이 편지에 서명을 했다. 아마 편지의 초안은 실라드가 작성했을 것이다. 편지 내용은 간략했다. 최근의 연구가 우라늄을 '새로운 에너지원'으로 변환시킬 수 있는 '가능성'을 열어놓았고, 지금 그 연쇄반응에 대한 연구가 진행 중이다. 이 반응을 이용하여 폭탄을 만들 수 있는데 만약 그 폭탄이 어떤 항구에 투하된다면 항구는 물론 인근 지역이 초토화될 정도로 위력이 어마어마할 것이다.

편지는 여러 달을 기다렸다가—그러는 동안 독일의 폴란드 침공, 유럽에서의 전쟁 선언 등의 사건이 있었다—결국 로스앨러모스 사막에서 '맨해튼 프로젝트'를 착수하게 만들었다.

1944년 7월 16일, 최초의 '원자폭탄'이 뉴멕시코 사막에 실험 투하되었다. 이 프로그램을 지휘한 과학자 오펜하이머J. Robert Oppenheimer는 힌두 경전인 '바가바드기타'에서 "이제 나는 세계의 파괴자, 죽음의 신이 되었다."라는 대목을 인용했다. 인간의 전쟁, 그 광포한 싸움에서 생명의 본질을 구하고 평화를 다시 세우러 하늘에서 내려온 크리슈나는 죽음의 방정식을 현실화할 수밖에 없었다. 훗날, 오펜하이머는 이 일들에 대해 이렇게 말했다. "과학은 범죄를 저질렀다." 종교적인 어감이 깃든 이 문장은 차라리 고백이라고 해도 좋으리라.

아인슈타인은 두 과학자들을 내버려두고 다시 아가씨에게 다가왔다. 그는 문을 닫고 그곳에서 나왔다. 여전히 생각에 잠긴 표정이었다. 그는 바람을 타고 날아와 머리에 붙은 모래알갱이들을 털어냈다. 아가씨가 그에게 물었다.

"그게 바로 히로시마에 투하된 원자폭탄이지요?"

"그래, 바로 다음해의 일이지. 독일인들에게 투하하려던 폭탄이 결국은 일본인들에게 투하되었어. 자네가 내 말을 믿을지는 모르겠지만, 나 자신도 다른 사람들처럼 그 소식을 라디오에서 듣고 알았다네."

"어떻게 반응하셨는지요?"

"'이 무슨 참변인가…….' 라고 말했던 것 같아."

그는 세계 역사가 다시 씌어진 그날의 일을 되새기는 듯 잠시 아무 말도 하지 않았다. 아마 그는 그날의 기억을 자주 떠올렸으리라. 지금과 같은 상황에서는 더욱더 자주 생각나곤 했으리라. 그의 저주스러운 운명에 대한 기억. 그는 역사에 대량 살상 무기의 아버지로 영원히 기록되고 말 것이다. 언제나 평화를, 민족 간의 사랑과 화합을 꿈꾸었던 알베르트 아인슈타인이 말이다.

1905년의 직관이 없었더라면, 물질에 숨겨진 에너지에 대한 비전이 없었더라면, 히로시마는 원자폭탄의 재앙을 면할 수 있었을까? 인간의 역사는 가시덤불로 뒤덮인 길들을 걸어가되 한 번 지나가면 그뿐이다. 원인과 우연과 결과가 뒤죽박죽되어 있는 이 길을 다시 되돌아갈 수는 없다.

아마 그가 아니었다 해도 훗날 또 다른 기발한 두뇌의 소유자가 같은 생각을 했으리라. 그 점은 아마 확실하다고 보아도 좋으리라. 때가 오기를 기다리고 있었을 뿐, 언제라도 밝혀질 일이었다. 하지만 발견의 행로가 반드시 베른에서 독일의 패망, 베르사유 조약, 1929년 대공황, 유대인 박해, 아인슈타인의 미국 망명, 진주만 공습, 루스벨트의 사망과 트루먼의 결단…… 그리고 마침내 히로시마 원폭 투하로 이어져야만 했을까? 만약 역사가 다른 길을 선택했다 해도 히로시마가 최종 표적이 되었으리라고 누가 장담할 수 있겠는가?

■ ■ ■

우리는 이런 문제가 궁금할지도 모른다. 실제 행동이든 허구적인 행동이든, 어떤 행동에 대한 책임은 역사의 마지막 날까지 계속되는 것일까? 단 한 순간도 그럴 의도가 없었음에도 불구하고 우리는 우리가 지은 죄와 허물을 평생 지고 사는 것으로도 모자라 다음

세대에까지 그런 식으로 기억되어야 하는가?

　먼 옛날, 교회는 이단을 믿는 자들의 시체를 욕보인 적이 있었다. 번쩍이는 은 십자가로 무장한 주교들은 유골을 모욕하고 침을 뱉었다. 이단 종파의 시신은 공개적으로 저주의 대상이 되고 불살라지기 일쑤였다. 놀라운 풍습이기는 하지만 18세기 초까지도 유럽에서는 이런 일이 드물지 않았다. 맹트농 부인 앞에 무릎을 꿇은 루이 14세는 사망한 지 이미 오래된 포르루아얄 수도원의 옛 기숙생 시신들 중 남은 것들을 도로 파내라고 명하기도 했다.

　하늘이나 땅이나 그 어딘가에는 옛 잘못의 흔적이 남기라도 하는 듯, 잘못에 대한 저주는 인생보다 더 길고 질기다. 아가씨는 아인슈타인에 대해서도 아마 같은 질문을 던질 수 있었을 것이다. 아까부터—그런데 정말 시간이 얼마나 흘렀을까? 한 시간? 두 시간? 그녀는 알 수 없었다. 어떤 문을 열었을 때는 낮이었고, 또 다른 문을 열고 나갔을 때는 밤이었다. 거리를 내다볼 수 있는 창문은 하나도 없었다—자신과 마주하고 있는 이 학자에 대해서도.

　진정 아인슈타인은 원자폭탄과 바다 깊숙이 모습을 감추는 핵잠수함 개발에 도화선을 제공한 사람인가? 과연 그가 핵무기 개발 경쟁의 책임을 가장 많이 짊어져야 하는가? 지금 그가 있는 곳을 망명 거주지로 정해준 숨은 자들은 과연 그를 그런 식으로 생각했을까? 그래서 그는 죄 많은 영혼이 영원히 구천을 떠돌며 한탄하듯이 다소 기묘하고 세련된 '지옥'에 갇혀 살게 된 걸까? 그러면 아가씨는 지옥으로 통하는 비밀의 문들 중 하나를 조심성 없이 두드린 셈인가?

이런 생각들은 모두 심사숙고해볼 만하다. 전부 가능성이 있는 이야기다. 그는 마치 시시포스처럼 풀리지 않는 계산에 매달리는 벌을 받아서 영원히 썼다 지웠다를 반복하면서 여기 있는지도 모른다. 하지만 누가 그를 이곳에 데려다놓았을까? 누가 그를 심판하며, 누가 그를 지켜본단 말인가? 불교의 '삼사라samsara(윤회)' 와 비슷하게, 결정하는 이나 법칙이나 어떤 주인 된 존재가 개입하지 않은 채 단순히 어떤 사태로 나타난 것일까? 그거야말로 세계의 진정한 흐름을 여실히 보여주는—세계 자신도 의심하지 않는 듯한—이미지가 아닌가?

문득 그녀는 자기가 쓸 원고 제목을 '아인슈타인이 받은 벌' 이라고 붙일 수도 있겠다는 생각을 했다. 지옥을 다루는 일종의 소설이 될 것이다. 하지만 그녀는 이 생각을 금세 떨쳐버렸다. 이제 막 떠올린 불교적 생각이 더 마음에 들었기 때문이다. 높은 덕으로 인해 결국 윤회의 사슬을 끊고 영원한 열반에 들어갔으나 고통 받는 인간들 사이에 자리하며 그들을 도와주는 보기 드문 인물들 가운데 하나로, 부드러운 이미지의 보살님으로 묘사하는 쪽이 더 나을 것 같았다.

'아인슈타인 보살님.' 그래, 그쪽이 훨씬 더 마음에 든다.

■ ■ ■

그녀는 아인슈타인을 바라보았다. 그의 어깨가 다시 축 처졌다. 그는 생각에 잠길 때면 으레 그렇듯이 손가락 세 개를 뻗어 턱을 만지작거렸다. 사무실의 문들은 모두 닫혀 있었다. 기온은 일정했다. 아가씨는 아직도 하고 싶은 질문이 많았지만 이제 가야 할 시간이라고 생각하는 듯했다. 그녀는 볼 만큼 보았고, 들을 만큼 들었다. 지금 눈 앞에 보이는 아인슈타인의 상태가 확실히 어떤지는 모르지만 피곤하고 지친 그를 이제 혼자 있게 해줘야 할 것만 같았다. 언제나 충직한 비서 헬렌 듀카스의 근무 시간이 끝나지만 않았다면 다른 방 어딘가에서 기다리고 있을 것이다.

"저, 그럼……." 아가씨가 손을 내밀었다.

"아냐, 기다리게! 좋은 생각이 났어! 아직 가지 말게!"

아인슈타인의 눈이 광채를 띠고 구부러졌던 어깨가 꼿꼿하게 펴졌다. 그는 방문객이 내민 손 따위는 신경도 안 쓰고 허겁지겁 대기실로 향하는 문을 열더니 이렇게 외쳤다.

"아이작! 지금 잠깐 와주실 수 있습니까?"

잠시 후에 뉴턴이 나타났다. 손에는 서류를 가득 든 채, 여전히 불만스러운 표정이었다. 그가 무슨 말을 하려고 했지만 아인슈타인은 그럴 짬도 주지 않고 질문부터 했다.

"이것만 말해주세요. 이제 납득이 가십니까?"

“사실, 그렇지가 못하다네.” 뉴턴이 대꾸했다.

“그러실 줄 알았어요. 들어보세요. 이 서류들은 집어치우시고요. 이보다 나은 것을 보여드릴게요. 선생님께 보여드릴 뚜렷한 증거가 있습니다.”

그는 뉴턴을 끌고 문들 중 하나로 다가갔다.

“무엇에 대한 증거? 무슨 증거 말인가?”

“선생님이 싫어하시는 그 방정식들 중 하나가 참되다는 증거지요. 물질이 에너지요, 그 둘이 같은 것이라는 증거 말입니다. 제가 선생님께 그 방정식을 보여드리지 않았으면 좋았을 겁니다. 어쨌든 잘 생각해보세요.”

“무슨 말을 하고 싶은 건가?”

“여길 보세요.”

“날 어디로 데려가는 건가?”

“이 문으로 한 발짝만 디디시면 됩니다. 여기에 선생님이 꼭 봐야 할 것이 있거든요. 그러면 선생님도 금세 이해하시리라고 믿습니다. 겁내지 말고 보세요……. 저들이 우리의 연구로 무엇을 하고 있는지 보시라고요.”

그는 문을 열어젖혔다. 거센 바람이 방 안으로 휘몰아쳐 두 사람의 머리칼과 가발을 날려버렸다. 수많은 종이들이 바람에 나부끼고 휩쓸려갔다. 아가씨는 바람에 휘청대지 않으려고 옆에 있던 가구를 꽉 잡았다. 벽에 걸려 있던 뉴턴의 초상화가 마룻바닥에 떨어졌다. 칠판은 뒤집히고 분필도 바닥에 떨어져 산산조각 났다.

그들은 열린 문 저편으로 핵폭발과 그로 인한 여파를 목격할 수 있었다. 집이 바람에 날리고, 도시는 초토화되었다. 죽은 이들의 망령이 벽에 비쳤다.

뉴턴은 아인슈타인 뒤에 서서 히로시마가 파괴되는 모습을 바라보았다. 폭발로 인한 거센 바람 때문에 가발이 들썩이다가 결국은 벗겨지고 말았다. 그는 시선을 떼지 못했고 숨쉬기조차 잊은 듯했다.

힘없이 중얼거리는 목소리가 들렸다.

"오, 하느님……."

■ ■ ■

아인슈타인이 문을 다시 닫을 때까지 그들은 모두 얼이 빠져 있었다. 이제 세 사람은 아수라장이 된 사무실에 있었다. 뉴턴은 주변을 둘러보았다. 그는 넋이 홀라당 빠진 듯, 말할 기운도 없이 입만 벌리고 있었다. 그는 사방에 흩어진 종이와 연필, 땅바닥에 부서진 분필 따위를 밟고 지나갔다. 그렇게 빙빙 돌다가 가발을 주우려고 몸을 숙였다가 다시 일어났다. 두 다리로 버티고 서 있을 힘도 없을 만큼 기력이 쇠했는지 조금 비틀대기까지 했다.

눈동자의 빛은 이제 꺼져버렸다. 검정색 긴 외투로 감싸고 있는 그의 신체 안에서 무슨 일인가가 일어난 것 같았다. 마치 그의 육체가 손상을 입어 서서히 전체적인 윤곽과 탄력을, 지금까지 그의 몸을 이루고 있던 정의할 수 없는 실체를 앗아가기라도 하듯이. 그는 이제 사라져버릴 듯 위태해 보였다. 그의 숨소리조차 거의 감지할 수 없을 정도였다. 아인슈타인이 뉴턴에게 물었다.

"괜찮으십니까?"

뉴턴은 대꾸하지 않았다. 아마 그는 아인슈타인의 말을 듣지도 못했을 것이다. 그는 한 손을 자기 눈높이까지 올리더니 뚫어져라 바라보았다. 그는 자기 손을 보았을까? 글쎄, 그건 말할 수 없다. 그의 손이 하얗게 되고 점점 더 창백해지다가 결국은 아예 투명하게 변해버렸기 때문이다. 불과 몇 초 사이에 일어난 일이었다. 그는 손으로 눈을 비비려 했으나 이제 그의 눈동자조차 점점 변해가고 있었다. 그의 눈은 빛을 잃고 점점 하얘져서 눈송이처럼 변해버렸다. 아인슈타인과 아가씨는 뉴턴의 손을 관통하여 그 너머의 물체를 볼 수 있었다. 투명한 몸뚱이 너머로 사무실에 놓인 소품들, 칠판, 닫혀 있는 문이 훤히 보였다.

뉴턴은 무슨 일이 일어났는지 알고 있을까? 그는 아직 의식이 있을까?

"아이작, 안녕히 가십시오." 아인슈타인이 말했다.

그의 유예는 히로시마에서 끝났다. 핵분열은 그의 존재를 완전히 앗아갔다. 아이작 뉴턴은 더 이상 움직이지도 못한 채 외투, 가

발, 버클 달린 구두와 더불어 영영 사라지고 있었다. 이제 그는 꺼
져가는 실루엣밖에 남지 않았고, 그 실루엣마저도 공기와 하나가
되고 있었다. 마침내 그의 자취는 완전히 사라졌다.

◆◆◆

끝없는 질문과 대답

아직도 너무 많은 물음들이 남아 있었다. 이를테면, 그는 '위대한 전체' 에 이르기 위해서는 먼저 오늘날 우주를 지배하는 두 가지 이론을 통합해야 하는 최후의 난관이 있음을 이곳저곳에서 토로한 바 있다. 두 이론은 모두 정당화되었고 유효하며 과학적 정밀함도 갖추고 있다. 중력이론(일반상대성이론과 마찬가지인)과 양자역학이론이 바로 그것들이다. 두 이론은 각기 나름의 수준에서 나름의 방식대로 세계를 기술하고 해명한다. 하지만 두 이론이 동시에 작용할 수는 없으며, 상호배타적이다. 중력이론은 자기 영역에 있어서 양자역학이론을 받아들이지 못하고, 그것은 양자역학이론 쪽에서도 마찬가지이다.

아가씨가 이 문제에 대해 물어보자 아인슈타인은 말수가 적어졌다. 물론, 그 역시 이 문제점을 잘 알고 있었다. 그 때문에 다른 과학자들처럼 오랜 시간 고민을 해오기도 했다. 그는 보어의 양자역학이 불완전하다고 비판했지만 그렇다고 해서 양자역학을 내치지는 않았다. 아니, 오히려 그 반대였다. 그는 누가 뭐래도 양자역학의 토대를 세운 사람들 중 한 명이 아니었던가. 그는 이 이론의 놀라운 장점, 즉 미세한 것에 대한 분석의 미묘함, 새로운 법칙 수립에 필요한 섬세함을 충분히 간파하고 있었다. 하지만 그와 동시에 이 이론의 균열, 허점, 무엇보다도 과학 그 자체를 위험에 몰아넣을 수도 있는 가능성 또한 분명히 감지하고 있었다. 그것은 불확정성 개념, 혹은 좀더 쉽게 말하자면 '우연성'이라는 개념에 대해 그가 항상 느끼고 있던 위험과 마찬가지였다.

그렇지만 그는 충분한 정보를 얻고 있기 때문에(지금 그가 받아보는 우편물을 비롯하여) 오늘날 다른 이론들도 큰 발전을 이루었다는 사실을 잘 알고 있었다. 끈이론과 초끈이론, 4차원이 아닌 11차원에 대한 비전(시간이라는 한 차원과 열 개의 공간 차원이 있다는), 끈이나 막처럼 가상적이지만 타당성 있는 실체들을 통해 비가시적인 또 다른 세계를 구상하는 이론이 있음을 아인슈타인도 알고 있다. 그렇게 가상적인 풍경처럼 구성된 세계는 움직이고 구겨지고 얽히고 물결치고 꼬여서 때로는 열려 있고 때로는 닫혀 있으며 때로는 그 두 가지가 동시에 가능하기도 하다.

일부 연구 기관에서는 우리가 지금 막 진입한 시대의 현실이 이렇다고 주장하고 있다. 우리는 이 현실을 바꾸고 세계를 바꿀 것이다. 서로 모순적인 두 개의 이론도 새로운 진공의 복잡한 흐름에 삼켜진 채 강제적으로 화해하게 될 것이다.

진공은 무엇인가? 희한한 질문이다. 진공을 '가득 찬 것의 반대'가 아닌 다른 식으로 정의할 수 있을까? 물론이다. 물리학자들이 생각하는 진공은 한 체계 내에서 에너지의 최소 상태를 뜻한다. 그렇다. 하지만 여러 가지 체계들이 있다. 그 결과, 여러 가지 진공들이 존재한다. 체계가 존재하는 수만큼 진공도 존재한다는 얘기이다.

여기에서 진공은 전적인 무無가 아니라 비밀스러운 에너지로 인해 미세한 떨림을 갖는 진공이다. 한때는 그 에너지가 대단할 것으로 생각되었으나 가장 최근의 연구에 따르면 믿기지 않을 정도로 미약한 수준의 에너지라고 한다. 상상하기도 어렵고 양量으로 환산할 수도 없는, 아주 적지만 그렇다고 해서 완전히 없지는 않는 에너지라는 것이다.

어째서 그 에너지는 그토록 미약할까? 어떤 이들은 그저 '어쩌다 보니'라고 대답할 것이다. 세계의 역사는 그런 식으로, 대체로 임의적인 연결고리를 따라서 흘러왔으니까. 하지만 아인슈타인은 사물을 구성하는 미세한 것에 있어서도 어떤 엄밀한 법칙이 지배한다고, 언젠가는 우리가 그 법칙을 밝힐 수 있을 거라고 끈질기게 믿었고, 그러기를 소망했다. 그리고 그런 사람이 아인슈타인 한 사람만은 아니다. 그 법칙은 최종적인 법칙, 자연이라는 거대한 책을 덮을 만한 법칙이 될 것인가?

아인슈타인은 진공의 에너지나 끈이론에 대해 반대하는 입장이 아니다. 그는 자기 입장의 치명적인 문제를 누군가가 입증해 보이기만 하면 언제라도 그 입장을 버릴 준비가 되어 있다. 그 자신이 그런 뜻을 여러 차례 밝히기도 했다. 실제로 그는 우주에 대한 생각도 수정한 바 있다. 처음에는 우주가 안정적인 것이라고 생각했지만 나중에는 우주팽창설 쪽으로 돌아섰으니까 말이다. 아무도 아인슈타인이 한물간 이론을 붙들고 늘어지는 고집쟁이라든가, 참신하고 창조적인 발상이 부족한 사람이라고는 말할 수 없을 것이다. 그는 공간과 시간이 절대적으로 존재하지 않음을 주장했고 입증해 보였다. 그것이 벌써 100여 년 전의 일이다. 그는 절대시간과 절대공간을 좀더 편리한 시공간 개념으로 대체했고, 광속을 일종의 절대적 기준으로 삼았다. 그리고 이제는 그 시공간 개념이 더욱 확장되고 풍부해졌다고 할 수 있다. 새로이 등장한 끈이론은 과거의 개념들을 내던졌다. 이 이론이 발전함에 따라서 각각의 힘이 어떤 휘어진 차원에 상응하고 공간 차원들을 늘린다는 사실이 밝혀졌고, 소립자가 점點의 형태라는 생각은 이미 폐기되었다. 그것은 물질의 승리, 보이지도 않고 만질 수도 없으며 접근할 수도 없는 어떤 중추적 핵심을 통한 승리였다.

"아인슈타인 선생님, 선생님은 어떻게 생각하세요?"

그는 아무 말도 하지 않았다. 만약 세계를 지배하는 두 이론이 초끈이론으로 통합될 수 있다면 다행스러운 일이다. 우리는 이미 빛이 파장인 동시에 입자일 수 있음을 인정하면서 비슷한 사례를 경험했다. 인정하기 힘든 사실로 보일 수도 있지만 회중전등은 그런 식으로 작용한다. 어쨌든 세계가 말로 표현할 수 없는 것이라 해도 과학은 그 세계에 대해 말할 수 있어야 한다. 단순한 말하기 방식에 지나지 않는 논리는 한쪽으로 밀어놓고 인간의 관습이 반드시 사물들에게까지 적용되지는 않음을 명심해야 할 것이다.

어쩌면 단순한 언어 문제일지도 모른다. 어쨌든, 명백한 것에 대해서는 설명이 필요 없다.

■ ■ ■

보이지 않는 것들의 무대에는 또 다른 등장인물이 순서를 기다리고 있었다. 1960년대 말, 피터 힉스Peter Higgs라는 스코틀랜드 과학자는 순수한 이론 활동을 통해 그때까지 아무도 관찰하지 못하던 미지의 소립자에 착안했다. 이것이 바로 '힉스 보손(힉스 소립자)'이다. 우주의 또 다른 망령이 등장한 셈이었다. 미세한 크기에 비해 비교적 무거운 이 등장인물은, 만약 누군가가 그 자취를 찾아내기만 한다면(어쩌면 2007년에는 제네바의 유럽입자물리학연구소CERN가 새로운 가속기를 이용하여 이 꿈을 실현할지도 모른다) 서로 구별되면서 때로는 서로 대립하기도 하는 모든 힘들의 결합을 궁극적으로 해명하게 해줄 것이다. 그렇게만 된다면 힉스 보손은 물리학자들이 '표준모델'이라고 부를 만한 것으로 등극하고, 조화롭고 일관성 있는 소립자들의 왕국을 보장하는 증거가 되리라.

힉스 보손? 물론 아인슈타인도 이 소립자에 대해서 들은 적이 있다. 그도 다른 사람들과 마찬가지로 그 존재가 어서 증명되기를 손꼽아 기다린다. 심지어 그것의 발견을 보게 해주려고 누군가가 자신의 삶을 이렇게 유예시키고 있는 것은 아닌가—적어도 2007년까지는—생각한 적도 있었다.

하지만 어떤 이들은 힉스 보손이 세계의 열쇠가 될 수 없다고, 그 열쇠는 표준모델을 넘어서서 초대칭이론 쪽에서 찾아야 한다고 주장한다. 수학적 작업에서 출발한 초대칭성. 이것은 모든 에너지와 소립자들의 모체이자 초끈이론에 접근하기 위해 반드시 필요한 발판이다. 힉스 보손과 초대칭이론이 패스워드라고 할 수 있을 것이다.

"저기, 죄송한데요. 표준모델이라는 게 뭐예요?" 아가씨가 물었다.

"그건 양자역학의 꿈과 더불어 나타난 것이지. 4가지 기본력 중 두 가지, 그러니까 전자기력과 약한 핵력을 통합하는 모델이야. 그리고 곧 강한 핵력까지 통합하게 되었지. 위대한 전진의 첫 걸음이랄까."

"그럼 초대칭이론은 또 뭐예요?"

"초대칭이론은 표준모델에 나머지 하나의 힘, 즉 중력까지 통합하겠다는 간절한 염원을 실현하기 위한 첫 걸음이라고 할 수 있을 거야. 그러니까 초대칭이론으로 4대 기본력을 통일한다는 것이지. 보손과 페르미온에 대해서는 내가 이미 말한 바 있지. 지금까지 그 두 입자는 완전히 분리된 것으로 생각되었어. 그런데 초대칭이론은 친화적 성격이 강한 보손과 친화적이지 않은 페르미온을 결합하려는 이론이야. 보손과 페르미온은 상호보완성을 지니고 있어서 서로 짝을 이루어 존재한다는 이야기이지. 어떤 것도 배타적으로 단절되어 있지는 않다, 그러니까 희망을 가져라, 뭐 이런 이야기야."

그는 덧붙여 말하기를 초끈이론이야말로 4대 기본력을 마침내 통일할 수 있다는 희망의 상징이라는 점에서 물리학자들에게는 잃어버린 성배, 모비 딕, 불사조, 약속의 땅, 열반이나 다름없다고 했다. 물론, 이 모든 것이 아직까지는 개념에 머물러 있다. 이론으로 존재할 뿐 지금으로서는 어떤 실제적인 적용도 없다. 초대칭이론을 밝히기 위한 실험들은 준비 중에 있지만 초끈이론에 대해서는 그나마도 없다. 그러니까 순전히 가설과 계산으로 밝히기를 기대할 수밖에 없는 것이다. 우리가 물질에게 그 답을 물어볼 수도 없다. 하지만 이따금 그럴 수 있었으면 좋겠다고 꿈을 꾸기는 한다.

가끔 아인슈타인은 우수에 젖어 자기 자신을 돌아보고 그가 제시한 몇몇 이론들 역시 초끈이론처럼 순전한 꿈의 산물, 보이지 않는 마법이 현실에 개입하는 물리학적 유토피아의 소산으로 보이는 것은 아닌지를 자문하곤 했다. 하지만 아인슈타인은 스물다섯 살인가 스물여섯 살인가에 휘어진 공간을 상상했고 사유를 통해 별들을 움직였다. 그 자신도 그저 꿈같은 가설로만 생각했었는데 한 영국인의 인내심 어린 관찰이 개기일식의 도움을 받아 그 꿈을 사실로 입증해주지 않았던가?

■ ■ ■

수면으로 점점 떠오르는 또 다른 질문 하나가 남았다. 앞에서의 질문과 관련이 있을뿐더러 가장 중요하다고 볼 수도 있는 질문이었다. 그것은 세계의 독보성과 다수성에 관련된 질문이었다. 양자역학의 방정식들을 진지하게 받아들이는, 소위 ‘현실적’이라는 물리학자들은 실험으로 입증되는 순수하고 공고한 이론들을 지지한다. 그들은 우리의 상식과 일상생활을 바탕으로 과학을 하며, 과학이 세계에 대해 객관적이고 무사공평하게 말하도록 한다. 세계는 다수일 수 있다. 그러나 우리는 어마어마한 집합들 속에서 현실의 한 집합에 지나지 않을 것이다.

우주의 팽창과 양자진공을 열렬하게 지지하는 일부 학자들은 그러한 우주론에 따라 우리들 역시 샴페인 거품처럼 끓어오르며 끓임없이 쇄신되는 동요 속에서 살아가고 있다고 생각한다. 이러한 사물의 상태들을 어떤 쪽으로든 논박한다는 것은 불가능하다. 그들은 우리에게 이렇게 말한다. 이론적으로 알 수 있다고. 우리가 관찰할 수는 없지만 '세계들'이 존재한다. 우리는 그 사실을 받아들여야 한다. 우리가 관찰하는 우주는 비록 규모가 엄청나 보일지라도 (지름이 280억 광년) 여러 우주들 중 하나에 지나지 않으리라. 그리고 여러 우주들은 우리에게 감추어져 있고 아마도 자꾸만 달아나서 우리로서는 접근할 수 없을 것이다. 이 물리학자들을 '실재론자' 혹은 '신新실재론자'라고 부르자.

이들에게 대립하는 새로운 관념론자들이 있다. 이들은 (희한하게도) '실증론자'라고 불리기도 한다. 이들의 주장에 따르면 사물은 우리가 관찰할 수 있다고 해도 정말로는 존재하는 것이 아니요, 존재라는 이름을 얻을 자격이 없다. '유니버스universe'가 아닌 '멀티버스multivers'. 이것은 정의상 관찰이 불가능한 우주이다. 이 우주는 진정으로 존재하는 것이 아니다. 이러한 의미에서의 존재는 타자들과 더불어 있으며 관계를 형성하고, 그에 따라 지각될 수 있음을 뜻한다. 과학적 존재는—그냥 단순한 존재라고 해도—관찰자와 피관찰자가 서로 영향을 주고받으며 맺는 긴밀한 관계를 통해서만 이루어진다. 먼 옛날 동양의 시인들이 노래하던 뜬구름 같은 이야기가 결국 양자방정식으로 변한 것이다.

다양한 우주에 대해서 말 못할 이유가 무엇이겠는가? 수많은

좌아~
통일장이론
평생을 좇은 나의
이론들도 언젠가는
낡은 것으로 치부되는
날이 올거야.

시인들이 여러 개의 우주를 꿈꾸었다. 하지만 이것은 되레 정신의학의 소관이 아닐까? 치료를 받아야 할 과도한 상상의 산물이 아닐까? 아니, '실재론자'들은 그렇지 않다고, 정신병 치료를 받아야 할 사람은 바로 당신이라고 말할 것이다. 그런 사람은 자기만 과학적이라고 생각하기 때문에 정신 나간 사람들이 그렇지 않은 사람들에게 되레 맞서고 일어난다고 한다.

아인슈타인이 말했다. "나는 생각했지. 당시에는 받아들여지지 못했던 나의 관념이 언젠가는 아주 낡은 것으로 치부되는 날이 올 거라고 말이야. 자네에게도 말했지. 나는 통일장이론에 아주 큰 희망을 걸었지. 그 이론은 내가 평생 동안 쫓은 흰 고래 모비 딕이었어. 하지만 그 이론도 언젠가는 벼룩시장에 나앉는 신세가 될 거야."

아가씨가 다시 질문을 던졌다. 그녀는 조금 더 있으면서 그와 이야기를 나누기로 마음을 먹은 참이었다. "말씀해주세요. 저는 아직 스물다섯 살이 안 됐어요. 저는 제가 사는 시대의 정신적 동향을 따라잡으려고 노력하고 있지요. 저는 제가 어떤 세계에 살고 있는지 알고 싶어요. 만약 나중에 제 아이들이 생기면……."

"당연히 그렇게 되겠지."

"이따금 선생님이나 다른 사람들은 거시적 사물들이 존재한다고, 그러니까 우리 인간이나, 이를테면 저 자신이나, 달리는 말, 행성, 별처럼 우리 현실에서 접할 수 있는 것들이 존재한다고, 이것들은 아마도 아주 미세한 실체들로 구성되어 있을 거라고, 그런데 정작 그 실체들은 존재하지 않을 수도 있다고 말씀하시는 것 같아요. 그러면 결국 지금, 바로 여기서의 제한적인 의미에서는 아무것도 존재하지 않는다는 말이잖아요."

"그래, 대강 그런 말이 되지." 아인슈타인이 피곤에 찌든 미소를 지어 보였다.

"그건 좀 이상하잖아요. 솔직히 인정하세요."

"인정하지. 게다가 난 항상 이상하다고 그랬고 지금도 그렇게 생각해. 거기에 결정적 약점이 있지. 우리의 지친 사유는 거기서 더 나아가지 못하고 멈춰버리지."

"하지만 실재론자와 관념론자들이 내세우는 주장들은 진실인가요?"

"그건 주장이 아니야. 사실에 대한 확인이지. 주장과 확인은 전혀 달라. 주장에는 항상 그와 반대되는 주장이 있지. 하지만 확인에 대해서는 반기를 들기가 훨씬 어렵다네. 반대자는 자기도 확인을 해야만 하지. 바로 이 경우가 그래."

"그래요?"

"나는 모든 것이 자네가 소위 '진실'이라고 부르는 것에 달려 있다고 생각하네. 진실을 정의내리기가 쉽다고 생각지는 않아. 내 생전에는 철학 수업의 논술 주제로 이런 문제가 곧잘 나오곤 했지. '진실의 반대는 거짓인가, 아니면 오류인가?'"

"선생님은 어떻게 답하시겠어요?"

"몇몇 동료들 얘기를 따르자면, 진실의 반대는 진실이라고 해야겠지." 아인슈타인이 웃으면서 말했다.

침묵이 잠시 감돌았다. 아가씨는 이제 조금은 뭐가 뭔지 모르겠다고 인정해야만 했다.

"나도 그래. 난 기다리고 있지. 내 생애 말년에 가서는 사람들이 몹시 그 말을 듣고 싶어하기에 내 생각이 잘못되었노라고 인정했다네. 그런데 오늘날에는 오히려 그런 생각이 약해지고 있어. 참 이상하기도 하지. 가끔, 아주 가끔이지만 요즘은 내가 왜 그렇게 물리학이 현실을 표상해야 한다고 악착같이 말했는지, 고집쟁이 노인네 소리를 들을 정도로—내게 아직도 '나이'라는 게 있다면 말이지만!—뜻을 굽히지 않았었는지 이해가 된다네. 물리학은 시간과 공간의 현실, 시공간의 현실을 나타내야 해. 우리는 다른 식으로는 물리학을 생각할 수 없기 때문이지. 만약 나를 계속 일할 수 있게 내버려둔다면 희망을 가질 수도 있을 것 같구먼. 왜냐하면 내가 완전히 틀리지는 않았거든. 난 덧없는 그림자를 쫓아다닌 게 아니었단 말이야. 그 무엇인가가 나를 기다리고 있어. 만약 물리학이 현실을 표상하기를 포기한다면 도대체 무슨 소용이 있단 말인가?"

그들은 양자역학 신봉자들이 중요하게 생각하는 분리불가능성의 문제로 돌아왔다. 이 존재는 지각되지 않으면 존재하지도 않는다. 그리고 지각은 지각하는 이에 대해 어떤 작용이 있어야만 이루어진다. 아인슈타인은 그것이 분명히 맞는 말이라고, 어떤 수준에 있어서는 유효한 이야기라고 다시 한번 말했다. 그렇다, 이 사실은 확인되었다. 하지만 모든 것이 양자역학적인가, 우리의 신체, 나아가 우주의 모든 것이 양자역학적이라고 말할 수 있는가 하는 문제가 있다! 우리의 모든 감각, 심지어 이성까지도 그렇지는 않다고 말할 것이다. 과학의 다른 분야들인 지질학, 생물학도 그렇고, 천체물리학이나 일상생활에서도 그렇고 사물들은 도처에 분리되어 있다. 시간과 공간, 혹은 시공간이 사물들을 분리하고 있다. 그렇지 않다면 사건도, 관계도, 역사도 있을 수 없으리라. 우리는 이런 식으로 사물을 연구해왔고 연구할 수 있다. 두 물체 사이에서 중력이 작용하려면 그 두 물체는 서로 떨어져 있어야 한다! 그렇지 않은가?

이때 아가씨는 유명한 이피알EPR 패러독스 이야기를 슬쩍 꺼냈다. 패러독스의 명칭에는 아인슈타인의 이니셜 E가 들어가 있다(나머지 두 문자는 포돌스키Boris Podolsky의 P, 로젠Nathan Rosen의 R을 딴 것이다). 그녀는 최근에 물리학자 알랭 아스페Alain Aspect가 이와 관련된 실험을 수행했다는 이야기, 그 밖에도 자기가 들은 다른 학자들의 연구 이야기를 넌지시 비쳤다. 이 소립자들은 자기가 위치한 곳에서 동시에 어떤 정보를 받아들인다. 마치 시간이나 공간이 소립자들에 아무 영향도 미치지 않는다는 듯, 소립자들이 시간과 공간을 무시하고 지배하는 듯이—혹은, 시간과 공간을 구성한다는 듯이?—광속보다 더 빠르고 위치를 확인할 수 없는 어떤 영향력이

작용한다는 듯이 말이다. 이 점에 대해 뭐라고 말할 수 있을까?

아인슈타인은 어깨를 으쓱하더니 몇 발짝 걸음을 옮겼다. 그는 몸을 건들거리고 고개를 저었다. 그러고는 오래 전에 자기와 두 명의 물리학자(EPR 패러독스를 함께 제안한 물리학자들)는 양자역학의 논리에 따르는 이러한 결과가 상상할 수도 없고 비현실적이라고 주장했었다고, 그 결과가 부조리함을 보여주기 위해서 '패러독스'라고 불렀노라고 말했다. 과학이 역설적일 수 있을까? 과학이 신체의 감각과 정신의 논리에 동시에 역행할 수도 있을까?

그는 갑자기 아가씨에게 질문을 던졌다.

"만약 이 물음이 잘못 제기된 거라면?"

"잘못 제기하다니요? 누가요?"

"닐스 보어가 말했듯이 시공간이라는 한쪽과 에너지보존이라는 다른 한쪽이 양립불가능하고, 이건 그냥 말장난일 뿐이라면? 들어보게, 난 왜라고는 말할 수 없지만 만족스러운 답변을 찾을 수 있는 시간이 없을 것 같다는 생각이 점점 더 강해진다네. 그래도 나는 단념할 수가 없지. 이해하겠나? 나는 '설명하기를 거부할' 수가 없다네. 바로 그거야. 그냥 항복하고 '어떤 수준 이상이 되면 세계는 일관성도 없고 근본적으로 역설적이기 때문에 설명할 수 없습니다. 세계가 존재하는 이유도, 그 방식도 알 수 없을 겁니다.'라고 말하지는 못하겠네. 난 절대 그렇게는 말 못해. 자네가 이곳에 와서 나에게 이렇게 물었지. 기억하나? 자네는 나에게 '설명해주세요.'라고 했어. 그래서 나는 자네에게 답변을 했네. 설명해 달라는 요구보다 더 어려운 요구는 없어. 왜 그런지 이제 알겠나? 우리가 설명하기를 포기해야 한다는 것을 설명해야만 하기 때문이야. 그건 안 될 말이지! 그건 나의 전 생애와 대치되는 방향으로 나아가는 셈인걸. 사람들은 나를 칭송하고, 축하하고, 꾸미고, 상을 주고, 기념했지. 그들은 나를 높은 자리에 앉혔어. 그 모든 것이 결국은 진짜 끝이 다가올 때에 내가 모든 것을 포기하고 다시 한번 혀를 내밀어 보이면서 이 말을 남기기 위함이었지. '신사숙녀 여러분, 전 아무짝에도 쓸모없습니다. 저는 무지 속에서 헤맸습니다. 여러분에게 뭐라고 말해야 할지 모르겠습니다. 전 멍한 정신 상태로 출구로 다가가고 있나요?'"

그는 자리에 앉아서 두 손으로 머리를 감쌌다.

아가씨는 지금 그녀가 와 있는 시공간에서 언제, 어떻게 빠져나갈 수 있을지 모른다. 그녀는 더 이상 착각하지 않았다. 그녀는 진정한 문제의 핵심에 와 있다. 그것은 결국 그녀와 세계와의 관계, 나아가 이 세계의 존재 자체와 관련된 문제이다. 한편으로는 지독한 회의주의자들이 있고, 다른 한편으로는 환상을 보는 사도들이 있다. 그들에 따르면 이 세계의 존재는 확실한 것이 될 수 없으리라. 돌에 걸려 넘어져서 무릎에 피가 나면 생생한 아픔이 느껴지고 붉은 피가 보인다. 하지만 그 돌이 다른 버전의 우주에서도 돌이나 나뭇조각, 병마개, 개미집 따위로 존재하라는 법은 없다. 또한 그

돌은 이 모든 것이 아닐 수도, 아예 존재하지 않을 수도 있다. 그러면 이렇게 물을 수밖에 없다. 나의 고통은 어디에서 오는가? 누군가가 '무슨 고통?' 하고 되레 반문을 할지도 모를 일이다.

아인슈타인은 이런 식으로 생각하는 사람이 아니었다. 그는 이미 그 점을 밝혔다. 과학자들 가운데 일반화된 환영을 일종의 무대 배경처럼 옹호해주는 사람은 거의 없다. 사물을 연구하는 이들 중에서 스스로 공허한 환영에 매달리고 있다고 생각하고 싶은 사람은 없다.

그들은 파르메니데스(고대 그리스의 철학자로 '존재하는 것' 만이 있으며 '존재하지 않는 것', 즉 '없다' 는 것은 언어적 표현일 뿐임을 역설했다.—옮긴이)와 비슷한 입장이다. 존재하는 것은 존재한다. 존재하지 않는 것은 존재하지 않는다. 존재하는 것 외에는 아무것도 존재하지 않는다.

하지만 아가씨는 소위 '인간 특유의' 관념도 거부하고 싶었다. 이 관념에 따르면 세계는 결국 우리의 인식에 다다르기 위해 창조되었거나, 혹은 지금의 모습으로 이루어졌을 것이다. 이것은 너무나 인간적인 오만이 깃든 발상이기 때문에 미처 입에 올리기도 전에 우스꽝스럽게 느껴진다. 그러면 세계는 존재하지 않고 우리를 둘러싼 정밀한 환영은 우리를 기만하기 위해 짜여졌다는 아까의 생각으로 돌아가야 하는가? 하지만 무슨 의도로 그런단 말인가? 장난칠 생각밖에 없는 사악한 데미우르고스들의 손에 우리가 놀아나고 있단 말인가? 그렇다면 누가 데미우르고스들을 창조하고 그런 장난기를 부여했던 말인가? 모든 것을 책임지는 자는 누구인가? 어째서 거대한 꼭두각시 공장이 수백만 년에 걸쳐 세워져야 했을까? 우리로서는 아무것도 모른다.

그녀는 비가 와서 모양이 변한 둔덕에 새로 생긴 웅덩이 이야기를 하면서 재미있어했다. 비가 내렸다. 물웅덩이가 생겼다. 갑자기 생각을 할 수 있게 된 웅덩이는 주위의 땅을 더듬어보면서 이렇게 외쳤다. "이게 웬 우연의 일치람! 나는 이 길에 움푹 파인 곳과 똑같은 형태와 크기를 갖고 있네! 그러니까 나는 원래부터 이 길, 이 장소에 생기라고 구상되었던 게 틀림없어! 이건 정말 의심의 여지가 없군. 그런데 나는 어디에 쓸모가 있을까?"

아가씨는 말했다. 어떤 사람들은 물웅덩이와 같은 생각을 갖고 살아간다고.

"이 정도로 해두죠." 아가씨가 다시 한번 아인슈타인에게 말했다. 그녀가 처음 이 방에 들어왔을 때부터 두드러지던 부담없고 편안한 태도였다. "우리는 그냥 신화적이고 연극적 성격이 덜한 생각으로 만족하자고요. 세계가 우리 손에 닿는 곳에 있다고 생각하는 거예요. 어쨌든 (파르메니데스의 말따라) 어떤 식으로든 '존재하는 것은 존재한다.'고, 이 세계는 수학적 언어로 씌어져 있다고, 우리는 그 언어를 해독할 수 있을 뿐 아니라 어떤 항구적인 특징과 법칙까지도 추론해낼 수 있다고 믿자고요. 물론, 그러자면 이론과 구상과 발전을 거쳐야 하겠지만, 그래도 수천 년 안에 반드시 밝혀낼 수 있을 거예요."

그녀는 또 이렇게 말했다. 자신은 세계가 우리의 계산과 맞아떨어지고 우리의 두뇌에 복종한다는 사실에 놀라워하는, 심지어 경악하기까지 하는 과학자들이 적지 않다는 점에 주목한다고(그녀는 앞에서도 이미 이런 이야기를 했지만 다시 한번 강조했다). 어떤 이들은 (아인슈타인도?) 우리가 세계를 이해할 수 있다는 사실을 납득하지 못하며 불안하기까지 하다고 고백하고 있으니까.

아가씨는 잠시 생각을 하더니 이렇게 말했다(물웅덩이의 예에서 한 발짝 더 나아가). "완벽한 사회를 이루고 사는 듯한 개미들은 한 마리 한 마리가 개미집이라는 집단적 두뇌를 구성하는 뉴런 역할을 한다고 하지요(뉴런과 뉴런 사이에 신경 메시지가 전달되듯이 개미들은 각종 정보들을 대단히 신속하게 서로 주고받는다). 우리는 비록 그렇게 생각하지 않지만 개미들은 세계가 자기들을 위해 만들어진 것이라고 생각할지도 몰라요. 세계가 자기들에게 부응하고 자기들이 세계를 지배하고 있다고 생각할지도 모른다고요. 그런데 우리 인간은 아예 개미들은 생각 자체를 하지 않는다고 생각하지요.

만약 우리가 인간보다 무한히 광대하고 복잡하며 상상력이 풍부하고 유연한 지성을 지닌 존재를 상정한다면, 그 존재에게 우리는 우리가 하찮게 여기는 개미보다 더 하찮은 지적 존재라면, 그 존재는 절대로 세계가 우리 인간을 위해 만들어졌다고, 세계가 인간이 이해할 수 있도록 만들어졌다고는 생각지 않겠지요. 무한한 크기라는 차원에서 보면 개미와 코끼리가 별 차이가 없을 수 있듯이 고도의 지적 존재가 보기에 인간이나 개미나 세계를 이해하지 못하기는 마찬가지일 거예요. 인간의 두뇌나 개미의 두뇌나 할 것 없이 한데 뭉뚱그려 묶어도 그만이겠지요. 비록 인간이 연구에 연구를 거듭해서 몇 가지 초보적인 기술을 개발하고 자기들끼리 찬양해 마지않는 예술작품들을 만들어냈다 하더라도 말이에요. 그래도 우리가 상정하는 지식의 바다, 우리로서는 영원히 가늠할 수 없는 그 광대한 바다에서 인간은 미약하고 위태로운 아종亞種 정도에 지나지 않을 거예요. 시간 속에서나 공간 속에서나 무식함과 허영심을 여실히 드러낼 정도로 자기중심적인 성향만 보아도 한계가 분명히 보이는 족속들에 지나지 않을 거라고요.

우주라는 차원에서 보면 미미하기 짝이 없는 이 족속의 생각은 필연적으로 자기들에 대한 생각으로 한정되겠지요. 개미의 생각이 개미 수준에 머물듯, 인간의 생각은 인간 수준에 머물 수밖에 없는 거예요. 그렇게 사유는 자기 고유의 규준과 검증 규칙을 세우고는 자기가 관찰한 것이 자기가 세운 기준에 맞는다고 깜짝 놀라며 좋아하지요.

인간의 사유는 인간의 사유를 기준으로 삼을 수밖에 없어요. 인간이 우주에서 발견하고 확인한 법칙들이 정말로 절대적 현실 속에 존재한다고 믿을 만한 근거는 없지요. 설령 그 법칙들이 우리 인간을 넘어서서 존재하고 정말로 참되다고 해도 우리가 확인할 근거도 없고요. 그러한 법칙들은 결국 우리 자신의 투사일 뿐이고, 우리에게만 들어맞는 거예요. 다수성을 주장하는 실재론자들이 말하듯 우주는 우리가 관찰하고 분석하는 것이 아닐 수 있어요. 아니면 적어도 '단지' 그것만은 아닐 수 있지요. 또 다른 이론, 또 다른 수학적 연결고리와 검증 실험, 또 다른 버전의 우주에서라면 우리는 분명히 군데군데 함정이 있는 영역으로 들어가게 될 거예요. 그러고는 함정에 빠져 길을 잃고 말겠지요.

모든 사유는 자기에게 고유한 감옥을 만들어내지요. 그리고 자기만의 방법을 써서 감옥에서 빠져나오고요. 혹은, 그저 빠져나왔다고 믿을 뿐이든가요. 우리는 탈출하기 위한 땅굴을 열심히 파면서 그와 동시에 간수에게 '나, 땅굴을 파고 있소.' 라고 알려주지요. 똑같은 목소리가 질문도 던졌다가 대답도 했다가 하지요. (처음부터 교리라는 장벽을 안은 채 출발하는) 종교적 성찰도, 무모한 철학적 모험도, (적어도 우리 눈에는) 극도로 발달한 기술적 검증도, 환상으로의 도피도 결코 인간이라는 차원을 초월하지는 못해요. 당연한 거잖아요. 우리가 찾은 명증성은 우리끼리만 통하는 거죠. 아마 인간이 아닌 다른 존재는 아무 관심도 보이지 않을걸요. 인간에 대한 호기심이 남다르다면 모를까. 어쨌든 우리의 감각 체계, 논리적 사유, 상상력은 절대 인간의 한계를 넘지 못해요."

1900년대에 일부 신경생물학자들은 인간의 뇌를 "우주에서 가장 복잡한 사물"이라고 선언했다. 그들은 도대체 뭘 알고 이런 이야기를 했을까? 이 오만한 선언은 그마저도 인간의 뇌에서 나온 산물임을, 그야말로 자화자찬에 지나지 않음을 감추지 못한다. 더욱이 그러한 허영심으로 인해 도리어 스스로를 낮추고 비난의 대상으로 삼는다는 생각도 미처 해보지 않았음을 드러내지 않는가.

아가씨는 큰소리로 물었다. "이 끈질긴 자만은 어디에서 오는 걸까요? 아직도 지구가 우주의 중심이고 인간은 신이 자신의 모습을 본떠서 창조한 걸작품이라고 생각하던 시대의 잔재, 오랜 믿음이 남아 있는 걸까요? 그러면 신은 '초인' 일 뿐이겠군요. 어쨌든 그러니까 인간의 사유는 어떤 것에도 비교할 수 없는 신적인 정수를 지니고 있고, 인간이 모든 생명체 위에 군림한다는 생각이 나오는 거겠지요. 오늘날의 과학자들에게도 케케묵은 자만심의 영향이 조금이나마 남아 있는 건 아닐까요?"

"가능한 얘기지. 과학자도 다른 사람들과 똑같은 사람인걸." 아인슈타인이 대답했다.

"과학자들도 자가당착에 빠지는 추론을 내놓을 수 있고요?"

"아무렴. 아마 그렇겠지. 자기는 직선으로 걷고 있다고 생각하는데 사실은 원을 그리고 있을 수 있는 거야."

우리의 역사를 돌아볼 때에 처음부터 자신이 내린 결론을 '원리' 라고 주장한 사람들이 얼마나 많았는가? 일일이 꼽자면 한도 끝도 없으리라. 보쉬에 주교는 프로테스탄트교도들의 주장이 성경에 어긋난다는 사실을 '증명' 함으로써 그들을 궁지에 몰아넣을 수 있다고 생각했다. 성경에 따르는 신앙이야말로 프로테스탄트가 가장 강력하게 주장했던 바인데도 말이다. 성경은 가톨릭교도에게나 프로테스탄트교도에게나 영원히 계시될 변치 않는 진리의 결정체, 세상에 던져진 빛 같은 존재였다(그러나 오늘날 성경이 인간의 손으로 씌어졌다는 사실을 의심하는 사람은 없으리라). 단 한 가지 약점은 이것이었다. 이 진리는 마치 여러 사람이 서로 움켜쥐려고 다투는 낡은 천 조각처럼 갈가리 찢겨 있다. 모든 독자들이 같은 방식으로 성경을 읽지는 않는다. 너도 나도 성경 말씀을 표방할 수 있다. 이것이 성경이 진리가 아님을 입증하는 셈이다.

아인슈타인은 이런 이야기를 웃으면서 듣고 있었다. 이따금 팔을 치켜들면서 "아, 그래, 그래, 나도 아네. 그런 이야기도 들었지. 맞아……."라고 맞장구를 치는 시늉을 하기도 했다.

유혹은 강할 수밖에 없다. 아마 누구보다도 아인슈타인에게 그 유혹은 치명적이었을 것이다. 두뇌를 써서 세계를 탐험한 사람들 중에 그만큼 멀리 나아간 사람은 달리 없었다. 사유의 소용돌이 속에서 예기치 않은, 그러나 유용한 방정식들을 그렇게나 많이 만들어냈고, 해답이 손에 닿을 듯 가까이 있음을 느낀 사람. 그는 보기 드문 유예를 누리며 지금 머리에 손을 묻은 채 이렇게 말했다. "어디로 가야 할지 잘 모르겠네. 내가 옳았다고 생각했는데 틀렸어. 내가 틀렸다고 생각했는데 옳았어. 하지만 옳았다는 것, 틀렸다는 것이 과연 중요하기나 한지? 이런 말이 무슨 의미가 있을까? 세계는 틀릴 수도 있고 옳을 수도 있는 걸까? 참과 거짓이라는 두 개념이 그저 인간이 만들어놓은 거대한 상점에 진열하기 위한 것은 아닐까?

아가씨는 아인슈타인의 동요를 눈치 채고는 이렇게 물었다.

"보편적이고 최종적인 방정식을 선생님께서 수립하게 된다면 무엇을 하실래요? 그때도 여기 남아서 천장의 파리나 구경하고 계실래요?"

"유감스럽게도 여기엔 파리가 없어. 그래서 종종 아쉽지. 파리는 날아다닐 수도 있고, 천장에 거꾸로 붙어 걸어 다닐 수도 있고, 세상을 여러 개의 눈으로 볼 수도 있지. 우리 인간은 그렇게 못하잖나."

"하지만 파리는 생각하는 즐거움을 모르잖아요."

"착각하지 말게. 파리는 파리가 알아야 할 것을 다 알아. 반면에 우리는 알아야 할 것도 다 모르지. 즐거움이라…… 우리 인간의 즐거움과는 다르겠지만 파리도 즐거움을 알 거야. 하지만 파리도 인간처럼 나름의 한계가 있겠지. 우리의 한계와는 또 다른 한계 말일세. 나는 내가 모른다는 사실을 알지. 파리는 자기가 안다는 사실을 모르지."

그는 덧붙여 이렇게 말했다. 파리도 자기처럼, 코뿔소처럼, 바다처럼, 저 먼 곳의 별처럼 매 순간 신비로운 피리 부는 사나이에게 복종하고 있다고. 그리고 자기는 그 노래의 악보가 너무나 간절히 알고 싶다고.

그는 정말로 파리를 찾으려는 듯 잠시 눈을 들었다. 하지만 파리는 없었다. 다른 생명체는 아무것도 눈에 띄지 않았다. 아인슈타인은 천장을 쳐다보며 중얼거렸다. "글쎄, 내가 무엇을 할까? 그런 생각은 해보지 않았는데. 내 연구가 끝나면 나를 더 이상 이곳에 두지 않을지도 모르지. 게다가 무엇을 찾느라고? 무슨 말을 하려고? 완전한 지식, 그건 언어가 이르지 못하는 궁극일 거야. 더 이상 할 말이 없는 영(0)의 언어라고 할까."

"그럼 어디로 가실 건가요?"

"아, 떠도는 세계의 어딘가로 가겠지. 사람들의 시선이 닿지 않는 곳으로 사라질 거야. 아마도 우리가 '아무 데도 아닌 곳nulle part'라고 부르는 곳으로 가겠지. 혼자 있을 때면 난 이 단어를 종종 되새기곤 한다네. 아무 데도 아닌 곳. 매우 수수께끼 같은 표현이지. '항상'이나 '결코' 같은 표현이 시간에 대해 그렇듯, 이 단어도 공간에 대해 참으로 기묘한 관계를 지니지. 장소 없는 장소. 정말 놀라운 개념이야……."

"그 아무 데도 아닌 곳에도 시간이 존재할까요?"

"시간도, 시공간도 없겠지. 그래서 두려워."

"그것도 아마 일종의 언어적 표현에 지나지 않을까요?"

"거기에 가보지 않았는데 내가 어찌 알겠나?"

"세계에 대한 이 완벽한 이론, 전체('아무 데도 아닌 곳'은 제외한)에 대한 이 이론에는 반박의 여지가 없을까요?"

이 물음에 아인슈타인은 물론 그렇다고, 그렇지 않다면 그 이론을 완벽하다고 말할 수는 없을 거라고 대답했다. 그 이론은 제시되기 전에 모든 시험을 거쳐야 할 것이며, 시험들은 한두 가지가 아닐 것이다.

"그렇게 된다면 적어도 물리학에 있어서는 모든 연구가 중단될까요?"

아인슈타인은 그건 아니라고, 오히려 그 반대일 거라고 했다. 만물에 대한 방정식이 마땅히 받아야 할 영예를 누리고 모두가 그 방정식에 경의를 표한다면, 되레 물리학은 어느 때보다 할 일이 많아질 것이다. 우선 모든 분석과 계산 작업을 다시 해야 할 것이다. 그리고 새로운 연구의 문들이 활짝 열려 새로운 차원, 새로운 영역으로 나아가게 될 것이다. 오직 무지의 대가들만이 한 가지로 만족하는 법이다. 아무것도 모르면 영원히 모르게 된다. 하지만 지식은 그와 정반대로 또 다른 모호한 문제를 건드려 새로운 지식을 추구하게 한다. 이것은 이미 잘 알려진 사실이다.

"만물에 대한 지식이라 해도 말이지요?"

"그런 지식은 더욱더 그렇지."

"왜요?"

"우선 그 '만물'이라는 단어에 부응해야 할 것 아닌가?"

"만물이란 뭔가요?"

"난 그것에 대해서는 전혀 모른다네."

◆◆◆

비밀로 뒤덮인 수많은 길

아가씨는 녹음기를 꺼서 가방에 도로 넣고는 작별인사 채비를 했다. 그녀는 기계적으로 손목시계를 들여다보았다. 시계는 여전히 멈추어 있었다.

아인슈타인은 과학적인 측면들을 너무 단순화해서 설명한 것을 내심 후회하면서 그녀에게 오늘의 방문이 만족스러웠냐고 물었다. 아가씨는 예의가 바른 사람이었기에 이렇게까지 많은 소득을 얻을 줄은 감히 바라지도 않았다고 대답했다. 그러고는 이렇게 질문을 던졌다.

"선생님은 어떠셨어요?"

"나?"

그는 이 질문을 받고 약간 놀라는 듯했다. 그러고는 잠시 생각에 잠기더니 결국 이렇게 대꾸했다.

"그저 자네가 어떤 취미를 갖게 할 만한 작은 계기라도 마련했다면…… 이 끝없는 풍경 속으로 두세 발짝이나마 내딛고 싶은 마음을 불러일으켰다면……."

"저는 여기 오면서 벌써 그런 마음이 있었어요. 아니, 그런 마음이 있으니까 여기까지 찾아온 것 아니겠어요."

"나도 그런 느낌을 받았지. 그래서 자네를 맞아들였던 거야."

"다시 한번 감사드립니다."

그는 아가씨를 문 쪽으로 한 발짝 인도하면서—그러나 발소리는 여전히 들리지 않았다—이렇게 말했다. "물론, 자네는 대부분의 사람들처럼 이런저런 선전문구들에 만족하면서 살아갈 수 있어. 자네가 무지를 선택한다 해서 해될 건 없지. 무지에 대한 선택도 받아들여야 하고, 받아들일 수 없다면 적어도 존중은 해줘야 한다네. 무지는 사람을 안심시키거든. 무지는 끝내주는 보호책이지. 자네가 이 세상에서 살아가는 데 꼭 알고 있어야 할 것들은 몇 가지 안 된다네. 아니, 세상의 한구석에 잠시 머물다 가듯 살다가 죽을 거라면 그 정도만으로 족하다고 해두지."

"이 세상은 단순하지 않은데요?"

"단순하지 않다마다. 그래서 놀라고 겁내는 거야. 그래서 소심한 자들은 세상으로부터 자신을 보호하는 것이고. 우리 과학자들은 다른 이들보다 좀더 세상을 잘 연구해보기 위해 시간을 바쳤지. 자네는 우연히 우리를 찾아왔지만 결국 우리는 우리의 혼란, 토론할 수 있는 가능성, 상호모순적인 몇 가지 확인들 외에는 말해줄 것이 없지 않나. 그래서 자네는 우리를 팽개치는 것이지. 놀라울 것도 없는 일이야.”

“그런 말씀 마세요. 제가 선생님을 팽개치다니요.”

“하지만 얼마나 아름다운 꽃길이었나! 얼마나 매혹적인 여행이었나! 자네는 모를 걸세! 인간의 정신이 누릴 수 있는 놀라움과 환희와 몽상이란!”

이제 그는 아가씨가 벌써 가버리기라도 한 듯 혼잣말을 하고 있었다.

“먼 곳도 다른 곳도 우리 안에 있네. 누가 그런 생각을 했지? 이런 여행이 가능할 거라고 누가 생각했을까? 현기증이 날 만한 놀라움과 희열까지 자리 잡은 이런 여행이? 누가 우리를 사물과 사물에 대한 우리의 시선에 대해 반문하게 만들었을까? 우리들 중 대다수는 배짱이 부족하지. 그들은 위대한 길로 뛰어들기를 주저하면서 뒷걸음질 치고 눈과 마음을 꼭꼭 닫아버려. 이따금 나 자신도 그런 부류에 속하는 것은 아닌지 반문하지. 뉴턴처럼 나 자신에게 만족한 채 안주하려는 것은 아닌지, 이제 막 문을 열고 들어와서는 그곳에 머물러 살려고 들지는 않는지. 하지만 내가 그랬다면 사람들은 나를 잊어버렸겠지? 어째서 사람들은 아직도 나를 성가시게 찾아오는 걸까?"

"제가 가기 전에 여쭙고 싶은 게 있어요. 오늘날 가장 최신의 논점은 무엇인가요?"

"음, 빨리 이야기해주지. 잊지 말게. 우선 '검은 에너지' 문제가 있지. 밀어내는 실체가 무엇이냐 하는 문제 말이야. 흑체黑體는 어떻고? 추가된 차원들의 크기와 형태 문제는? 그리고 모든 사람들에게 제기되는 골치 아픈 문제가 있지. 어째서 우주는 지금과 같은 모습인가? 어째서 우주는 균일한가? 어째서 우주는 직선기하학에 속하는가? 어떻게 은하와 같은 거대한 구조들이 만들어졌을까? 역사가 시작되던 순간의 대대적인 팽창 혹은 폭발 때문인가? 어째서 우리는 반물질보다 물질을 찾아냈는가? 영(0)의 시간은? 힉스 보손은? 초대칭이론은? 오늘날 비밀로 뒤덮여 있는 수많은 길들 중에서 어떤 것들이 우리에게 열릴 것인가?"

아가씨는 손사래를 치며 너무 멀리 나가지는 말자는 신호를 보냈다. 하지만 아인슈타인은 아직도 할 말이 많은 듯했다. 아가씨는 문 쪽으로 발걸음을 옮기면서 문득 과학은 적어도 낙관주의에서 나오기는 하는 것 같다고, 그러니까 그렇게 열심히 앞을 향해 달려가는 것 아니겠냐고 했다. 과학은 적어도 더 나은 미래를, 그게 아니면 좀더 많은 것이 밝혀진 미래를 꿈꾸는 것 같다. 어쩌면 과학은 아직도 미래를 말할 수 있는 인간의 유일한 활동 분야인지도 모른다. 지식의 미래, 그리고 심지어 생명의 미래까지도. 과학은 방향을 틀어 오던 길을 돌아갈 수 없다. 오직 전진만이 가능하다. 과학은 더 나은 내일, 그리고 그보다 더 나은 모레를 믿는다.

과학에 있어서 '진보' 라는 말은 아직도 의미가 있다. 이에 대해 아인슈타인은 어떻게 생각할까? 그는 진보에 대해 이제 아무 생각도 없다. 진보, 있을 수 있다. 과학은 머나먼 혈거시대 이래로 계속 발전해왔다. 반면, 우리의 회화 예술이나 풍속 따위가 그만큼 발전했다고 말하기는 어려울 것 같다. 그러나 세계에 대한 지식의 진보, 기술을 완전하게 하는 진보—살상 기술의 진보까지 포함해서—가 스스로 만족하는 일이 가능할까? 그렇게 되면 우리는 야망을 품듯 지식을 소유할 뿐이라는 것인가? 유일한 지식을?

아인슈타인은 어떤 글에서 연구자의 진짜 행복은 불쾌한 소음이 가득한 복잡한 주택가에서 벗어나서 높은 산의 정상을 천천히 오르는 도시민의 행복에 비유할 만하다고 했다. 높은 산에서 그의 시선은 맑고 고요한 공기를 가르고 먼 곳을 향하고 영원히 그곳에 남아 있을 듯 평화로운 자연의 돋을새김을 관조한다.

그에게 아직도 그런 감정을 품고 있는지를 물었다. 아인슈타인은 가끔 그렇다고 대답했다. 더 이상 등산을 할 수는 없지만 아주 가끔은 산에 오른 듯한 기분이 든다고. 그것은 일상의 소소하고 귀찮은 일들, 질병, 박해, 가정생활에서의 쓰라린 추억, 사진 기자들을 떨쳐버리게 해준다. 하지만 그가 여기서 숨쉬는 공기는 그다지 맑지도, 고요하지도 않다. 아직도 당혹스러운 추억들이 엄습하기에 그는 괴로워한다. 때로는 회한에 사로잡히기도 한다.

그가 이따금 세 개의 문을 통해 엿보는 이미지들, 그가 관조할 수 있는 광경들은 영원히 그 자리에 있을까? 그는 강한 의혹을 품고 있다. 아마 그 반대일 거라고 믿기까지 한다.

아가씨가 나가려는데 그가 그녀를 다시 붙잡고 이렇게 말했다.

"내가 빅뱅에 대한 새로운 이론을 알고 있지. 아마 자네 흥미를 당길 거야."

"어떤 이론인데요?"

"자네도 끈이론에서 '막'이라고 부르는 것을 알지, 이것은 여기저기서 자라나는 해파리처럼 다중차원적인 사물이라고 할까. 물론, 우리가 지각할 수 없는 수준에서 말일세. 그런데 이 막들 중에서 두 개가 먼 옛날에 서로 충돌했어. 하나의 막은 물질적이고, 다른 막은 비물질적이었을 거야. 이 충돌에서 우리의 세계가 탄생했다는 거야."

그녀는 잠시 아무 말도 없이 아인슈타인을 바라보았다. 아마 그녀는 최초의 충돌을 상상하고 있었을 것이다. 그녀는 이렇게 물었다.

"이제 선생님께서는 무엇을 하실 건가요?"

"자네가 가고 나면 바이올린을 잠시 연주해야지. 나는 먹지도 않고 마시지도 않아. 잠들지도 않고 담배를 피우지도 않지. 하지만 여전히 음악만은 가까이 하고 있다네. 나는 음악에서 많은 것을 얻지. 그 다음에는 다시 연구를 할 거라네."

"세계의 방정식에 대한 연구요?"

"아마도…… 아직은 모르겠네…… 난 말이지, 온갖 바람이 스치고 지나가는 성채 같은 사람이라서 그때그때 생각나는 대로 움직이거든. 하루에도 똑같은 생각을 백 번씩 반복할 때도 있고 말이야. 생각을 돌아보기도 하고, 세세한 것을 수정하기도 하고, 아예 처음부터 다시 시작하기도 하고…… 끝도 없는 안개 속을 헤매는 셈이지. 하지만 연구 대상이 무엇이건 간에, 우리는 항상 어떤 식으로든 세계에 대해 생각하겠지. 그것이 우리의 유일한 사유의 대상이야."

"바이올린 연주는 무슨 곡을 하실 거예요?"

"글쎄, 슈베르트나 뭐 그런 곡으로? 긴장을 풀 수 있는 가벼운 멜로디가 좋을 것 같군. 아니면 바흐도 괜찮겠지. 굳건하고 도움이 되는 그런 곡으로. 모르겠네, 아직 곡을 선택하지 않았으니까. 난 항상 마지막에 가서야 곡을 고를 수 있단 말이야."

그녀는 과학적 발견에 있어서는 그토록 대담한 사람이 어째서 수세기 전부터 내려오는 클래식만 고집하느냐고 물었다. 일례로 아인슈타인은 쇤베르크Arnold Schönberg(불협화음을 이용하는 등 실험적 음악을 선보인 현대 작곡가—옮긴이)의 음악을 연주해달라는 부탁을 거절한 적도 있지 않은가. 그는 모르겠다고, 그냥 원래 그렇다고 했다. 그는 그런 문제를 생각해본 적이 없단다. 다른 문제들만 해도 생각할 것이 너무 많기에.

아가씨는 다시 한번 감사의 인사를 전하고 다시 보게 되기를 바란다고 했다. 그러나 아인슈타인은 자기와 헬렌 듀카스가 이곳에 얼마나 오래 머물게 될지 잘 모르겠다고 대답했다. 그의 개념들이나 생각, 계산, 가설들에 아직 미래가 허락되어 있을지도 잘 모르겠다고 했다. 그는 이 말을 되풀이했다. 지식은 끊임없이 자기 자신을 초월한다고. 그렇지 않으면 더 이상 지식이라고 할 수 없을 것이라고. 멀리서 보는 풍경은, 심지어 바로 위에서 내려다볼지라도 자꾸만 변하게 마련이라고.

"우주는 이해할 수 없다는 생각을 이해할 수 없다고 주장하는 건 잘못된 생각이야. 오히려 그 반대로 주장할 수도 있을걸. 이해할 수 있는 것, 그것은 우주를 이해할 수 없다는 사실이라고 하는 편이 더 맞겠지."

결국은 이해할 수 없는 것. 그렇지만 다시 돌아가고, 또 돌아가야만 한다. 모든 것을 포함하는 그것, 우주를 맞닥뜨려야만 한다. 일, 반복적인 작업, 노력, 때로는 권태까지도 신경 쓰지 말고 맞닥뜨려야 한다. 일상적인 공간에 대해서도, 잃어버린 시간에 대해서도 연연하지 말고서. 언제나 어두운 그늘에서 매복하고 있는 망각도 아랑곳하지 않은 채.

"그렇지만요, 선생님의 연구가 살아남은 지는 100년이나 됐어요." 여학생은, 아인슈타인을 격려하려는 듯이 이렇게 말했다.

"100년? 그게 뭔데?"

그녀는 아무 대꾸도 하지 않았다. 다만 이렇게 말했을 뿐이다.

"또 뵈어요."

"또 보세, 아가씨. 찾아와줘서 고맙네."

그는 손을 내밀었다. 아가씨는 악수를 했다. 아니, 악수를 하고 싶었다고 해야 할 것이다. 하지만 그녀의 손은 아인슈타인의 손을 그대로 관통해버렸다. 아인슈타인은 여전히 미소 짓고 있었다. 그녀는 손의 감촉을 느낄 수 없었다.

그녀는 다시 한번 주위를 돌아보았다. 아인슈타인은 다정한 제스처를 취해 보이고는 뒤돌아서 바이올린이 놓인 곳으로 다가갔다. 그는 바이올린을 들고 스웨터 소매로 몇 번 문질렀다. 그러고는 악보를 하나 골라서 악보대에 펼쳤다.

그는 벌써 아가씨가 나가고 없는 듯 행동했다. 더 이상 그녀를 쳐다보지도 않았다. 그는 혼자였다. 표정은 평온하다 못해 심각해 보이기까지 했다.

아까 원폭 장면을 보여주었던 문에서 불어온 거센 바람 때문에 아수라장이 되었던 사무실은 어느새 정리가 되어 있었다. 보이지 않는 손이 쌓아놓은 듯 서류와 책 더미는 다시 탁자 위에 놓여 있었다. 파이프들도 받침대에 가지런히 놓였고, 그 밖의 소품들도 처음과 똑같은 자리를 차지하고 있었다. 아가씨는 사물들이 이리저리 바뀌고 움직이는 방의 모습에 벌써 익숙해진 기분이었다.

그녀는 대기실로 가는 문을 열었다. 천천히 그곳을 나오면서

시선을 돌렸다. 그리고 바이올린 연주를 들으면서 대기실을 지나갔다. 이제 대기실은 텅 비어 있었다. 기다리던 손님들은 전부 어디로 갔을까? 지쳐버렸나? 그들은 꼭꼭 싸놓은 서류뭉치를 안고서 언젠가 다시 찾아올까?

아가씨는 문을 열면서 잘 정리된 빈 의자들에 마지막 시선을 보냈다. 처음에 그녀를 맞아주었던 헬렌의 자취는 전혀 찾을 길이 없었다.

그녀는 문을 닫으며 나왔다. 별 어려움 없이, 혹은 별 아쉬움 없이 그곳을 떠날 수 있을 것 같았다. 이제 그녀는 한 손으로 난간을 잡고 흐릿한 조명이 켜진 계단을 따라 내려왔다. 로비를 가로질러 거리로 나왔다. 거리에는 사람이 거의 없었다.

해가 질 무렵이었다. 도시의 모든 것이 일상적이고 평온해 보였다. 벌써 하늘에는 희미하게 별들이 빛나고 있다. 전차 한 대가 신호음을 울리며 다가왔다가 멀어져갔다. 검정색과 노란색으로 칠해진 전차에는 17번이라는 번호가 붙어 있었다. 그녀의 시선이 잠시 전차를 좇다가 손목에 차고 있던 시계로 향했다. 이제 초침이 재깍재깍 움직이고 있었다. 모든 것이 사물의 명백한 질서를 되찾았다.

그녀의 녹음기에는 과연 무엇인가가 남아 있을까? 우리는 결코 알 수 없을 것이다.

아가씨는 몇 발짝 걷다가 눈을 들어 이층 창문을 쳐다보았다. 아인슈타인의 바이올린 소리는 이제 들리지 않았다. 전등을 켰는지 창문으로 불빛이 새어나왔다. 우리가 있었던 그 방인가? 그녀는 그 방에도 대기실에도 창문이 전혀 없었다는 사실을 떠올렸다. 게다가 건물 정면으로 나 있는 다른 창문들도 불을 밝히기는 마찬가지였다. 해가 저물고 있으니 당연한 일이었다. 텔레비전 소리도 나기 시작했다.

아가씨는 서서히 거리 속으로 사라져갔다. 그녀는 불 밝힌 창문을 다시 한 번 보려고 뒤를 돌아봤다. 그리고 저기 이층의 커다란 방, 다섯 개의 문이 난 사무실에서 한 남자가 바이올린을 내려놓는 모습을 상상했다. 그는 백발을 손가락으로 비비 꼬면서 이리저리 설어 다니다가 칠판으로 다가가 분필을 들고 재빨리 몇 개의 기호를 휘날려 쓴다. 요컨대, 그는 연구에 몰두하는 중이다.

과학과 철학의 눈으로
아인슈타인을 들여다보는 독특한 경험

2005년은 상대성이론이 발표된 지 100년이 되는 해이자 아인슈타인 사망 50주년이었다. 그래서 아인슈타인의 출생지 독일에서는 '아인슈타인 축제'가 성대하게 준비되고 진행되었다. 독일 정부는 2005년을 '아인슈타인의 해'로 정하고 1600만 유로를 출자하여 교육연구부의 주관 아래 아인슈타인과 관련된 이색적이고 다채로운 행사를 마련했다. 더욱이 2005년은 유네스코가 정한 '물리학의 해'였고 독일에서 벌어지는 '아인슈타인의 해 2005' 역시 그 행사의 일환으로서 기획되었기 때문에 그 규모는 단지 국가적인 차원에 머무는 것이 아니라 국제적인 성격도 띠게 되었다. 물리학계는 말할 것도 없고 각급 학교 및 공공도서관에 이르는 일반 교육기관들과 예술계, 재계, 언론계 단체들도 참가하여 '아인슈타인의 해 2005'를 더욱 빛냈다고 한다.

그런 까닭에 특히 2005년에는 아인슈타인의 생애와 연구를 다룬 저작들이 전 세계적으로 쏟아져 나왔다. 이 책 역시 2005년에 프랑스에서 출간되어 독자들에게 좋은 반응을 얻었던 과학소설이다.

이름도 나이도 알 수 없는 한 여대생이 시간과 공간의 법칙에 도전하여 알베르트 아인슈타인을 찾아 나선다. 그리고 그녀는 운 좋게도—죽은 지 50년이나 된—이 세기의 천재와 조우하여 물리학에 대한 심도 깊은 대화를, 나아가 거의 철학적이라고까지 할 수 있는 대화를 나누게 된다. 한마디로, 과학과 철학을 넘나드는 시간여행 이야기라고 할 수 있겠다.

여대생과 아인슈타인의 대화는 누구나 읽을 수 있을 만큼 간결하고 명쾌하다. 그러나 읽을 수 있다고 해서 누구나 이 대화를 이해할 수는 있는 것은 아니다. 그래서 이 책을 읽는다는 것은 천재의 뇌라는 미궁 속을 헤매는 것과 같이 독특한 경험이다. 그도 그럴 것이 누구나 접근할 수 있을 법한 쉬운 문체, '아인슈타인이 살아 있다면'이라는 단순한 발상, 생동감 있게 묘사되는 위대한 과학자의 모습이 대중적인 친밀함을 선사하는 한편, 그 내용은 기본적인 물리학적 개념들에 대한 설명에서 출발하여 아직 해결되지 않은 과학의 제반문제들에 이르기까지 상당히 광범위한 지식을 아우르고 있기 때문이다. 나아가 작가는 인간적 사유의 한계, 신의 존재, 세계의 실재성과 다수성이라는 철학적 주제들을 넌지시 들이밀고 있으니 결코 읽기에 녹록한 책은 아니다. 그러나 작중인물들의 대화를 통하여 호기심 많은 독자는 실제로 위대한 석학과 대화를 나누는 듯한 생생한 기분을 느끼게 될 것이다.

또한 독자는 이 책을 통해서 아인슈타인의 사상뿐만 아니라 그의 생애까지 엿볼 수 있다. 그리고 이 위대한 과학자의 인생에 뒤얽힌 아이러니들을 현실감 있게 발견하게 될 것이다.

앞에서도 언급했듯이 독일은 '아인슈타인의 해'를 성대하게 치르기 위해 모든 국가적 역량을 동원했다. '아인슈타인과 그의 조국'이란 주제 하에 국제학술대회도 열렸고, 아인슈타인의 고향인 울름에서는 아인슈타인 탄생 125주년 기념행사를 통해 톡톡히 재미를 보았다고 한다. 그러나 정작 아인슈타인 자신은 유대인 박해를 피해서 조국을 떠나야 했고 영원히 독일로 돌아가지 않은 채 미국시민으로서 살다가 죽었다.

아인슈타인의 생애와 관련된 아이러니는 또 있다. 그는 타고난 평화주의자였음에도 불구하고 전 인류를 공포에 몰아넣게 되는 핵무기 개발의 단초를 마련한 당사자가 되었다. 나치즘과 전쟁의 부침에 시달렸으면서 가장 끔찍한 방식으로 전쟁을 종결짓는 데 일조하게 되었으니 가히 비극적인 운명이라고 하지 않을 수 없다. 그런 면에서 '아인슈타인의 해' 행사의 일환으로 국제 평화회의가 개최

되었다는 사실은 의미심장하다. 이 회의는 아인슈타인의 평화 운동과 반파시즘적인 생각이라는 차원에서 과학자의 현실 참여와 현실 비판 문제를 논의하고 재정립하는 자리로 마련되었다고 한다. 독자는 이 소설을 통해서 평화에 대한 그의 생각과 갈등을 (부차적으로나마) 생생하게 느낄 수 있으리라 생각한다.

'아인슈타인'은 이미 과학에만 머무는 이름이 아니다. 이것은 그의 상대성이론이 비단 자연과학뿐만 아니라 음악, 미술, 건축, 문학, 심리학 등 인간의 지적 활동 전반에 걸쳐 지대한 영향을 미쳤기 때문이다. '아인슈타인'은 오늘날 우리의 과학, 문화, 철학을 이해하는 하나의 패스워드가 되었다. 그리고 이 책은 비록 소설이고 허구이지만 아인슈타인에 대한 이해의 기초를 마련하는 데 그 어떤 개론서나 평전 못지않게 도움이 될 수 있으리라 기대한다.

쉽고 재미있게 읽을 수 있는 책이라고만 생각했는데 번역하는 입장에서는 생소한 최신물리학의 개념들이 만만치 않았다. 가볍게 읽히되 지적인 자극과 생각의 단초들을 제공하는 책이 된다면 더 바랄 나위가 없겠다.

좋은 책을 만들기 위해 수고하신 모티브북 편집부에 감사를 드린다.

더 읽어볼 만한 책들

아인슈타인의 삶과 과학관, 세계관에 관한 밀도 있는 접근

아인슈타인의 나의 세계관(알베르트 아인슈타인 지음/구자현 외 옮김/중심)

E=mc²과 아인슈타인 *Albert Einstein–and the Frontiers of Physics*(제레미 번스타인 지음/이상헌 옮김/바다출판사)

아인슈타인 나의 노년의 기록들 *Out of My Later Years*(알베르트 아인슈타인 지음/이종철 옮김/지훈)

아인슈타인 파일 *The Einstein File*(프레드 제롬 지음/강경신 옮김/이제이북스)

누가 아인슈타인의 연구실을 차지했을까? *Who Got Einstein's Office?*(에드 레지스 지음/김동광 외 옮김/지호)

아인슈타인–철학적 견해와 상대성 이론 *The Einstein's Philosophical Views and the Theory of Relativity*(D.P. 그리바노프 지음/이영기 옮김/일빛)

인간 아인슈타인(피터 D. 스미스 지음/최진성 옮김/시아출판사)

안녕, 아인슈타인(위르겐 네페 지음/염정용 외 옮김/사회평론)

알베르트 아인슈타인(토머스 레벤슨 지음/김혜원 옮김/해냄)

아인슈타인의 꿈(앨런 라이트맨 지음/권국성 옮김/예하)

아인슈타인과 그를 둘러싼 인간들

괴델과 아인슈타인 *A World without Time*(팰레 유어그라우 지음/곽영직 옮김/지호)

뉴턴과 아인슈타인(홍성욱 외 지음/창비)

아인슈타인의 그림자–밀레바 마리치의 비극적 삶(데산카 트르부호비치 규리치 지음/모명숙 옮김/양문)

베일 속의 사나이 오펜하이머(제레미 번스타인 지음/유인선 옮김/모티브북)

현대물리학의 선구자(임경순 지음/다산출판사)

아인슈타인의 과학 이론을 중심으로 한 우주의 신비

아인슈타인이 들려주는 상대성원리 이야기(정완상 지음/자음과 모음)

E=mc²(데이비스 보더니스 지음/김민희 옮김/생각의 나무)

초끈이론: 아인슈타인의 꿈을 찾아서(박재모 외 지음/살림)

사고뭉치 아인슈타인 엘리베이터를 타다(송은영 지음/에피소드)

아인슈타인 A to Z(아리에스 케크 외 지음/최수홍 옮김/성우)

아인슈타인과 호킹의 블랙홀(박석재 지음/휘슬러)

신의 방정식(아미르 D. 액설 지음/김희봉 옮김/지호)

T-셔츠 위의 만물이론(댄 폴크 지음/강주헌 옮김/휘슬러)

블랙홀, 웜홀, 타임머신Black Holes, Wormholes and Time Machines(짐 알칼릴리 지음/이경아 옮김/사이언스북스)

호두껍질 속의 우주The Universe in a Nutshell(스티븐 호킹 지음/김동광 옮김/까치글방)

그림으로 보는 시간의 역사(스티븐 호킹 지음/김동광 옮김/까치글방)

엘러건트 유니버스The Elegant Universe: Superstrings, Hidden Dimensions and the Quest for the Ultimate Theory(브라이언 그린 지음/박병철 옮김/승산)

오리진-140억 년의 우주 진화Origins : Fourteen Billion Years of Cosmic Evolution(닐 디그래스 타이슨 외 지음/곽영직 옮김/지호)

그 밖에 읽어볼 만한 과학 이론 관련서

일렉트릭 유니버스Electric Universe(데이비드 보더니스 지음/김명남 옮김/생각의나무)

과학과 기술로 본 세계사 강의Science and Technology in World Histoy(제임스 E. 매클렐란 3세 외 지음/전대호 옮김/모티브북)